教育部职业教育与成人教育司推荐教材

中等职业教育技能型紧缺人才教学用书

计算机局域网施工

（建筑智能化专业）

本教材编审委员会组织编写

主　编　吴建宁

主　审　池雪莲　范同顺

中国建筑工业出版社

图书在版编目（CIP）数据

计算机局域网施工/本教材编审委员会组织编写. —北京：中国建筑工业出版社，2008

教育部职业教育与成人教育司推荐教材

中等职业教育技能型紧缺人才教学用书

建筑智能化专业

ISBN 978-7-112-08614-6

Ⅰ. 计… Ⅱ. 本… Ⅲ. 局部网络-职业教育-教材
Ⅳ. TP393.1

中国版本图书馆 CIP 数据核字（2008）第 040303 号

本书是根据教育部颁布的《中等职业院校技能型紧缺人才培训指导方案》，中职建筑智能专业《计算机局域网施工》课程教学基本要求编写。

全书共分 5 个单元，主要内容包括：计算机网络基础知识、双机局域网组建、多机局域网组建、多媒体机房的组建与应用、局域网的维护等。本书理论知识与技能训练课题结合紧密，具有较强的适用性，体现了职业教育的教材特色。

本书可作为中专或技校、职高等建筑智能化专业的教材，也可供有关技术人员自学和参考。

* * *

责任编辑：齐庆梅　吉万旺

责任设计：赵明霞

责任校对：刘　钰　安　东

教育部职业教育与成人教育司推荐教材
中等职业教育技能型紧缺人才教学用书

计算机局域网施工

（建筑智能化专业）

本教材编审委员会组织编写

主　编　吴建宁

主　审　池雪莲　范同顺

*

中国建筑工业出版社出版、发行（北京西郊百万庄）

各地新华书店、建筑书店总经销

霸州市顺浩图文科技发展有限公司制版

北京市密东印刷有限公司印刷

*

开本：787×1092 毫米　1/16　印张：9　字数：220 千字
2008 年 6 月第一版　　2008 年 6 月第一次印刷
印数：1—2500 册　　定价：**16.00** 元

ISBN 978-7-112-08614-6
（15278）

本教材编审委员会名单

主　任：沈元勤

委　员：（按拼音排序）

池雪莲　范斯远　范同顺　韩　砥　何　静　黄　河

李　宣　刘昌明　刘　玲　罗忠科　邱海霞　沈瑞珠

孙爱东　孙景芝　孙志杰　王建玉　王林根　吴伯英

吴建宁　谢忠钧　于　沙　张仁武　张旭辉　郑发泰

郑建文

出版说明

为深入贯彻落实《中共中央、国务院关于进一步加强人才工作的决定》精神，2004年10月，教育部、建设部联合印发了《关于实施职业院校建设行业技能型紧缺人才培养培训工程的通知》，确定在建筑（市政）施工、建筑装饰、建筑设备和建筑智能化四个专业领域实施中等职业学校技能型紧缺人才培养培训工程，全国有94所中等职业学校、702个主要合作企业被列为示范性培养培训基地，通过构建校企合作培养培训人才的机制，优化教学与实训过程，探索新的办学模式。这项培养培训工程的实施，充分体现了教育部、建设部大力推进职业教育改革和发展的办学理念，有利于职业学校从建设行业人才市场的实际需要出发，以素质为基础，以能力为本位，以就业为导向，加快培养建设行业一线迫切需要的技能型人才。

为配合技能型紧缺人才培养培训工程的实施，满足教学急需，中国建筑工业出版社在跟踪"中等职业教育建设行业技能型紧缺人才培养培训指导方案"（以下简称"方案"）的编审过程中，广泛征求有关专家对配套教材建设的意见，并与方案起草人以及建设部中等职业学校专业指导委员会共同组织编写了中等职业教育建筑（市政）施工、建筑装饰、建筑设备、建筑智能化四个专业的技能型紧缺人才教学用书。

在组织编写过程中我们始终坚持优质、适用的原则。首先强调编审人员的工程背景，在组织编审力量时不仅要求学校的编写人员要有工程经历，而且为每本教材选定的两位审稿专家中有一位来自企业，从而使得教材内容更为符合职业教育的要求。编写内容是按照"方案"要求，弱化理论阐述，重点介绍工程一线所需要的知识和技能，内容精炼，符合建筑行业标准及职业技能的要求。同时采用项目教学法的编写形式，强化实训内容，以提高学生的技能水平。

我们希望这四个专业的教学用书对有关院校实施技能型紧缺人才的培养具有一定的指导作用。同时，也希望各校在使用本套书的过程中，有何意见及建议及时反馈给我们，联系方式：中国建筑工业出版社教材中心（E-mail：jiaocai@cabp.com.cn）。

中国建筑工业出版社
2006 年 6 月

前　言

随着网络技术的不断发展，计算机网络已经非常广泛地应用于各行各业，同时网络也正在改变着人们的工作、生活、学习和娱乐。因此，了解计算机网络的知识，掌握计算机网络的使用方法，也成为一项非常重要的技能。

而计算机局域网是计算机网络中的一种简单类型，也是构建大型计算机网络的基础。在工厂、学校及现代化的智能建筑中，甚至于在家庭中，计算机局域网都被大量使用着。如何自己动手组建计算机局域网？如何维护计算机局域网？如何把局域网和计算机互联网相连接？这些都是计算机网络初学者需要了解和掌握的问题。

本书介绍计算机网络的基础知识，由浅入深地介绍了计算机局域网的组建方法，并介绍了计算机网络的应用知识和计算机局域网维护方面的知识。本书一共分为5个单元。

单元1　计算机网络基础知识。包括计算机网络基础知识的基本概念，计算机网络的拓扑结构，计算机网络的应用；以及局域网的基础知识，包括局域网的通信协议和操作系统等。

单元2　最简单的局域网——双机局域网组建。从简单的两台计算机的不同方法互联开始，介绍了计算机局域网的组建过程。

单元3　多机局域网的组建。主要介绍几种实用的简单局域网的组建，包括多机对等网、C/S网、无线局域网的组建方法。

单元4　多媒体机房的组建与应用。包括多媒体机房科学规划、建设、组网及机房的科学管理和使用。

单元5　局域网的维护。主要介绍局域网常见故障与排除方法、网络安全知识以及局域网的日常维护方法。

本书由南京高等职业技术学校吴建宁老师主编。参编的老师有南京高等职业技术学校的张龙娟（单元1）；南京市六合职业教育中心的李家墅（单元2、单元3）；湖北襄樊职业技术学院的雷雨（单元4）和王群（单元5）。本书由池雪莲、范同顺两位老师主审。

本书适合楼宇智能化工程技术专业及其他非计算机专业使用，也可以作为广大的计算机网络爱好者的参考书。由于水平有限，难免有些不足，敬请批评斧正。

目　　录

单元1 计算机网络基础知识

知 识 点：计算机网络的定义、分类和功能，局域网的定义、组成和功能，局域网的拓扑结构，局域网的通信协议和操作系统。

教学目标：了解网络基础知识和网络基础知识的基本概念。

课题1 网络基础知识

1.1 计算机网络的定义

计算机网络产生近 20 年了，但是现在来说对于到底什么是计算机网络还没有一个被普遍接受的定义。计算机网络的本质是，把分布在不同地点且具有独立功能的多个计算机系统通过通信设备和线路连接起来，在功能完善的软件和协议的管理下实现网络中资源共享的系统。

通俗地讲，计算机网络就是用通信线路连起来的计算机系统。最简单的计算机网络可以是两台用电缆连接起来，能够互通信息，相互交换数据的计算机；而大的计算机网络可以是一个区域内或一个城市、一个国家通过通信线路连接起来的计算机系统。

广义地说，计算机网络是以实现远程通信为目的，一些互连的、独立自治的计算机的集合。

从资源共享的角度来看，计算机网络是把地理位置上分散的，为能够相互共享资源（如硬件、软件以及数据信息等）的方式而连接起来，并且各自具有独立功能的计算机系统的集合。

综上所述，可以认为凡将具有独立功能的两个以上的计算机系统，通过通信设施将其连接起来，由功能完善的网络软件（如网络协议、操作系统等）实现网络资源共享、信息交换、相互操作和协同工作的系统就称为计算机网络系统。

1.2 计算机网络的分类

了解网络的分类方法和类型特征是掌握网络技术的基础。从不同的角度可以将网络分为不同的种类，每一种类都有与之相对应的具有特殊含义的网络名称。

1.2.1 按网络的地理位置和规模分类

局域网（LAN）：一般限定在较小的区域内（小于 10km 的范围），通常采用有线的方法连接起来。

城域网（MAN）：规模局限在一座城市的范围内。

广域网（WAN）：网络跨越国界、洲界，甚至遍及全球范围。

局域网是组成其他两种类型网络的基础，一个个局域网组成了城域网，而城域网一般都要加入广域网。Internet 就是广域网的典型代表。

1.2.2 按传输介质分类

铜质线网：采用同轴电缆和双绞线等铜质导线连接的计算机网络。

同轴电缆网较常见，比较经济，安装方便，但是传输率和抗干扰能力一般，传输距离较短。

双绞线网较常见，价格便宜，安装方便，但是易受干扰，传输率较低，传输距离比同轴电缆要短。

光纤网：采用光导纤维作传输介质，是有线网中比较特殊的一种。由于光纤传输距离长，传输率高，可达数 Gbit/s，抗干扰性强，不会被电子监听设备监听，安全性较高，不过由于价格不菲，同时需要高水平的安装技术。随着技术的发展，现在光纤网已经很普及了。

无线网：用电磁波作为载体来传输数据的联网方式。目前无线网费用较高，还不太普及，但由于联网方式灵活方便，是一种很有前途的联网方式。

局域网常采用单一的传输介质，而城域网和广域网采用多种传输介质。

1.2.3 按网络的拓扑结构分类

网络的拓扑结构是指网络中通信线路的站点（计算机或设备）的几何排列形式，通常有以下几种。

星型网络：各站点通过点到点的链路与中心站相连。特点是很容易在网络中增加新的站点，易实现网络监控，但是中心节点的故障会引起整个网络瘫痪。

环型网络：各站点通过通信介质连成一个封闭的环型。环型网容易安装和监控，但是容量有限，网络建成后，难以增加新的站点。

总线型网络：网络中所有的站点共享一条数据通道。总线型网络安装简单方便，需要铺设的电缆较短且成本低，某个站点的故障一般不会影响整个网络。由于介质的故障会导致网络瘫痪，因此总线网安全性低，监控比较困难，增加新站点也不如星型网容易。

另外还有树型网、网状网等其他类型拓扑结构的网络，这些都是以上述 3 种拓扑结构为基础的。

1.2.4 按通信方式分类

点对点传输网络：数据以点到点的方式在计算机或通信设备中传输。星型网、环型网采用这种传输方式。

广播式传输网络：数据在共用介质中传输。无线网和总线型网络采用这种传输方式。

1.2.5 按网络使用的目的分类

共享资源网：使用者可共享网络中的各种资源，如文件、扫描仪、绘图仪、打印机以及各种服务，Internet 就是典型的共享资源网。

数据处理网：用于处理数据的网络，例如科学计算网络、企业经营管理用网络。

数据传输网：用来收集、交换、传输数据的网络，如情报检索网络等。

1.2.6 按服务方式分类

客户机/服务器网络：服务器是指专门提供服务的高性能计算机或专门设备，客户机是用户计算机。这是客户机向服务器发出请求并获得服务的一种网络形式，多台客户机可以共享服务器提供的各种资源，也是最常用、最重要的一种网络形式。不仅适合于同类计算机的联网，也适合于不同类型计算机的联网，如 PC 机、Mac 机的混合联网。这类网络安全性容易得到保证，计算机的权限、优先级易于控制，监控容易发现，网络管理能够规范化，网络性能在很大程度上取决于服务器的性能和客户机的数量。目前，针对这类网络有很多优化性能的服务器，称为专用服务器。银行、证券公司都采用这种类型的网络。

对等网：对等网不需要文件服务器，每台客户机都可以与其他客户机直接对话，共享彼此的信息资源和硬件资源，组网的计算机一般类型相同。这种网络方式灵活方便，但是较难实现集中管理与监控，安全性低，更适用于部门内部协同工作的小型网络。

1.2.7 其他分类方法

常见的 ATM 网是按信息传输模式分类的，它的网内数据采用异步传输模式，数据以 53Byte 为单元进行传输，提供高达 1.2Gbit/s 的传输率，有预测网络延时的能力。可以传输语音、视频等实时信息，是非常有发展前途的网络类型之一。

另外还有一些非正规的网络名称，如企业网、校园网等，是根据使用场合进行分类的。

1.3 计算机网络的功能

计算机网络有很多用处，其中最重要的 3 个功能是：数据通信、资源共享、分布处理。

1.3.1 数据通信

数据通信是计算机网络最基本的功能，用来快速传送计算机与终端、计算机与计算机之间的各种信息，包括文字信件、新闻消息、咨询信息、图片资料、报纸版面等。利用这一特点，可实现将分散在各个地区的单位或部门用计算机网络联系起来，进行统一的调配、控制和管理。

1.3.2 资源共享

资源共享功能是组建计算机网络的目标之一。许多大型数据库、巨型计算机等资源单个用户无法拥有，所以必须实行资源共享。

资源共享可以避免重复投资和重复劳动，从而提高了资源的利用率。这些资源是指网络中所有的软件、硬件和数据资源。共享是指网络中的用户都能够部分或全部地享用这些资源。例如，某些地区或单位的数据库可供全网使用，某些单位设计的软件可供需要的地方有偿使用或办理一定手续后使用，一些外部设备如打印机，可面向全体用户，使不具有这些设备的地方也能使用这些硬件设备。如果没有实现资源共享，各地区都需要有一套完整的软件、硬件及数据资源，这样将大大地增加全系统的投资费用。

1.3.3 分布处理

计算机负担过重或正在处理某项工作时，网络可将新任务转交给空闲的计算机来完成，这样处理能均衡各计算机的负载，提高处理问题的实时性。对大型综合性问题，可将问题的各部分交给不同的计算机分头处理，充分利用网络资源，扩大计算机的处理能力，增强实用性。在解决复杂问题时，多台计算机联合使用，构成高性能的计算机体系来协同工作、并行处理，要比单独购置高性能的大型计算机经济实用很多。

1.3.4 综合信息服务

现代社会里，大到一个国家，小到一个企业或一个部门，每时每刻都产生着大量的信息。计算机网络支持文字、图像、声音、视频信息的采集、存储、传输和处理。视频点播（VOD）、网络游戏、网络学校、网上购物、网上电视直播、网上医院、虚拟现实以及电子商务正逐渐走进大众的生活、学习和工作当中。

课题 2　局域网基础知识

2.1　什么是局域网

为了完整地给出局域网的定义，必须使用两种方式，一种是功能性定义；另一种是技术性定义。功能性和技术性定义之间的差别是很明显的，功能性定义强调的是外界行为和服务；技术性定义强调的则是构成局域网所需的物质基础和构成的方法。

功能性定义将局域网定义为一组计算机和其他设备，在地理范围上彼此相隔不远，以允许用户相互通信和共享资源的方式互连在一起的系统。就局域网的技术性定义而言，它定义为由特定类型的传输媒体（如电缆、光缆和无线媒体）和网络适配器（亦称为网卡）互连在一起的计算机组成，并受网络操作系统监控的网络系统。

局域网的名字本身就隐含了这种网络地理范围的局域性。同时由于较小的地理范围，局域网通常要比广域网具有高得多的传输速率，目前普通局域网的传输速率为 10Mbit/s 或 100Mbit/s，某些特殊的局域网的传输速率可达 2Gbit/s。

目前局域网的使用已相当普遍，其主要用途有：共享打印机、绘图机等费用很高的外部设备；通过公共数据库共享各类信息；向用户提供诸如电子邮件之类的高级服务。

2.2　局域网的组成

局域网是一个通信系统，它允许数台彼此独立的计算机在适当的区域内，以适当的传输速率直接进行沟通。局域网与计算机的种类没有任何关系，局域网中任意两台计算机间应该没有界限，可以直接互通信息的。

从传输距离上看，局域网一般都在同一栋建筑物中，有时甚至会局限在建筑物的同一层或同一层的几个邻近房间里。

从传输速率上看，通用的以太网为 10Mbit/s，也有 100Mbit/s、1000Mbit/s 等。

从网络拓扑结构看，最常见的有 3 种：总线型、星型和环型。

现在我们来看看局域网的基本组成，其中包括硬件设备和软件系统。当然，不同类型的局域网有其自己的特点，但是基本组成是大同小异的。

2.2.1　服务器

服务器是局域网的核心，根据它在网络中所起的作用可分为文件服务器、打印服务器和通信服务器等。文件服务器提供大容量磁盘空间、软件、数据库供网络用户共享；打印服务器接收和完成客户机的打印请求；通信服务器主要处理网络与网络之间的通信及远程客户机的通信请求。服务器除了管理整个网络中的事务外，还必须向客户机提供各种资源和服务，因此服务器需要具有较高的性能，包括较快的处理速度、较大的内存、较大容量和较快访问速度的磁盘等。

2.2.2 客户机

客户机也称为用户工作站，一般是普通的计算机。每一台客户机都可运行自己的程序，或者共享网络服务器中的资源。从功能上看，客户机比单独的一台计算机具有更强的操作性，不仅可以对自身的文件和设备进行存取、调用和管理，还可以存取服务器中的文件，利用服务器进行打印等。从网络构成的角度来看，只要是一台计算机，不管配置高低，都可以作为一台客户机接入到网络中。

2.2.3 网络设备

主要是一些决定局域网的拓扑结构、通信协议以及电缆类型的硬件设备，例如路由器、集线器、网络接口卡等。

2.2.4 通信介质

局域网中的通信介质主要有同轴电缆、双绞线和光纤等。

同轴电缆分为粗电缆和细电缆两种，在局域网中每段粗、细电缆标准传输距离分别为500m 和 185m，超过规定标准传输距离的局域网，需加配备中继器才能正常运行，而且最多允许使用 4 个中继器。

双绞线有 UTP（无屏蔽双绞线）和 STP（屏蔽双绞线）两种。无屏蔽双绞线的长度一般不超过 100m。传输数据速率可达到 100Mbit/s。

光纤技术依赖于光波的特性，不受电子或电磁干扰的影响，传输距离长。

2.2.5 网络操作系统和协议

像一台独立计算机的工作原理一样，局域网也需要有操作系统来对整个网络的资源和运行进行管理。网络操作系统是整个网络的灵魂，同时也是分布式处理系统的重要体现，它决定了网络的功能，并由此决定了不同网络的应用领域。常用的网络操作系统有 UNIX、Novell、Windows NT 等。除此之外，网络协议在局域网中也是必不可少的，它是计算机中的一组规则和标准。用来保证网络中的不同计算机之间能够互相通信，常用的网络协议有 NetBEUI、TCP/IP 等。

2.3 局域网的特点和功能

2.3.1 局域网的特点

随着计算机技术的迅猛发展和日益成熟，计算机的价格在不断下降，因此人们有条件将十几台微机、外设依靠网络通信协议连接起来，形成局域网。从技术上来说，一般要求局域网有较高的信号传输速度和较低的传输误码率，以及要有较高的运行稳定性。随着技术的不断发展，要做到这几点并不困难，所需的费用也不高，操作起来也很容易实现。

2.3.2 局域网的功能

局域网也属于计算机网络，也具有计算机网络的一般功能。但它也有自己的特点，局域网的功能概括起来可归为以下几点：资源共享，包括大容量硬盘、高速打印机、数据及软件；电子邮件系统；使用分布处理实现负载均衡等等。

课题 3 局域网的拓扑结构

计算机连接的方式叫做网络拓扑结构，网络拓扑是指用传输介质连接各种设备的物理布局，包括计算机分布的位置以及电缆如何通过它们的方法。拓扑结构决定了网络的工作原理及网络信息的传输方法。

星型结构、环型结构和总线型结构是基本的网络拓扑结构。实际应用中单一的拓扑结构很少，通常是几种结构的混合，但所有的网络结构都可以从这 3 种拓扑结构衍生出来。在设计局域网时，应根据网络用途以及布线现场等实际情况来选择正确的局域网拓扑方式。

3.1　环型拓扑结构

目前，环型拓扑结构在局域网中的使用比较多。它由网络中的若干节点通过首尾相连形成一个闭合的环。由于网络中的每个节点只与相邻的两个节点相连，因此存在点到点的链路。在这种拓扑结构中，用户在通信时并不依赖于中心系统，同样能够保证一个节点发送的信号可以被环上的其他节点接收到。由于数据在环路中沿着单一方向在各个节点间的传输，所以环型网络有上游端用户和下游端用户之说。例如，用户 N 就是用户 $N+1$ 的上游端用户，同样用户 $N+1$ 也是用户 N 的下游端用户。由于信息的传递具有方向性，因此 $N+1$ 端需绕环一周才能将数据发送到 N 端，环型网络的典型代表是令牌环局域网，它的传输速率为 4Mbit/s 或 16Mbit/s。在令牌环网络中，常使用令牌环来决定可以访问通信系统的节点，只允许拥有令牌的设备在网络中传输数据。这样可以保证在某一时间内网络中只有一台设备传送信息。在环形网络中信息流只能是沿着单向逐步传送，每个收到信息包的站点都向它的下游站点转发该信息包。信息包在环网中传递一圈之后，由发送站进行回收。当信息包经过目标站点时，目标站点根据信息包中的目标地址判断出自己是接收站，并把该信息拷贝到自己的接收缓冲区中。为了决定环中惟一可以发送信息的节点，平时在环中流通着一个叫令牌的特殊信息包，只有得到令牌的节点才可以发送信息，当发送完信息后就把令牌向下传送，以便下游节点可以得到发送信息的机会。图 1-1 为环型拓扑结构的连接示意图。

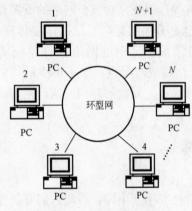

图 1-1　环型拓扑结构

环型结构网络的结构简单，安装容易。由于系统中各工作站地位相等，通信设备和线路比较节省。信息在网络中沿着设定的固定方向单向流动，两个工作站之间仅有一条通路，系统中不存在信道选择问题，所以网络数据传输不会出现冲突和堵塞情况。

环型拓扑结构主要有如下几个缺陷：

（1）环路构架脆弱，可靠性低，物理链路资源浪费多。由于在网络中数据的传输需要经过环上的每一个节点，因此环上任意一个节点出现故障，都有可能导致整个网络的瘫痪。

（2）诊断故障困难。因为每个节点都有可能引起全网瘫痪，所以需要对网络中的每个节点进行检测才能彻底排查故障。

（3）重新配置网络困难。由于环路是封闭的，每个节点的变动都会影响整个网络，因此扩充环路配置、增加新的站点或关闭已接入节点都比较困难。

信息传输效率低。由于信息源在环路中是串行地穿过各个节点的，如果环中节点过多将会影响信息传输速率，使网络的响应时间延长，信息传输速率降低。

数据吞吐量低。由于没有适合监视网络的中心位置，网内信息吞吐量不可能很高。

（4）安全性低。由于数据必须流经发送者和目的站点之间的所有计算机，因此必须注意环型网络数据的安全性。

3.2　双环型网络

双环型网一般采用光纤分布式数据接口（简称 FDDI），可以用于局域网和城域网。双环网中一个环称主环，另一个环称为二环。一般情况下主环传输所有的数据，二环空闲，只有当主环发生故障时二环才开始启用，这种工作方式很好地弥补了环型网容易崩溃的缺点。多数环型网络都通过后备的信号路径来正常运转。在运行原理上，双环型网与环型网不完全一样，它可以允许多个帧同时在环内传输，因此信息传输速率得到大幅度提高，其最大传输速率可达 100Mbit/s，最大环长度为62km 。

FDDI 网使用的主要介质是光纤电缆，其优点在于：

（1）FDDI 网更加安全，因为它不反射可能被窃听的电磁信号。

（2）FDDI 网不用重复器来加强信号也能使信号传输很长的距离。

（3）FDDI 网没有电磁噪声。

由于 FDDI 网传输距离长、速度快和稳定性高，目前被广泛用于主干网中。

3.3　星型拓扑结构

星型结构是最原始的一种连接方式，也是现在局域网最流行的一种结构，我们每天使用的电话就属于这种结构。星型结构是指各工作站以星型方式连接成网，星型拓扑结构中的所有站点（工作站、服务器）都直接通过网络接口卡和电缆连接到一个中心节点，通过中心设备实现所有点到点的连接。中心设备起到连通的作用，在电话网络中这种中心设备是分机系统里的总机，在数据网络中这种中心设备通常指主机或集线器（HUB）。目前，普通的集线器只能共享不同端口之间的数据，不能对信息进行寻址，一些智能型交换机可以提供更为先进的信息交换功能。

星型结构以中央节点为中心，因此又称为集中式网络。在星型网中，各站点与中心节点是点到点的连接，每一站点都通过单独的通信线路连接到中心节点，任何一个连接只涉及中心节点和其中的一个站点，因此控制介质访问的方法很简单，访问协议也十分简单。同时，单个站点的故障只影响这一个站点，不会影响全网，因此容易检测和隔离故障。重新配置网络也十分方便。图 1-2 为星型拓扑结构的连接示意图。

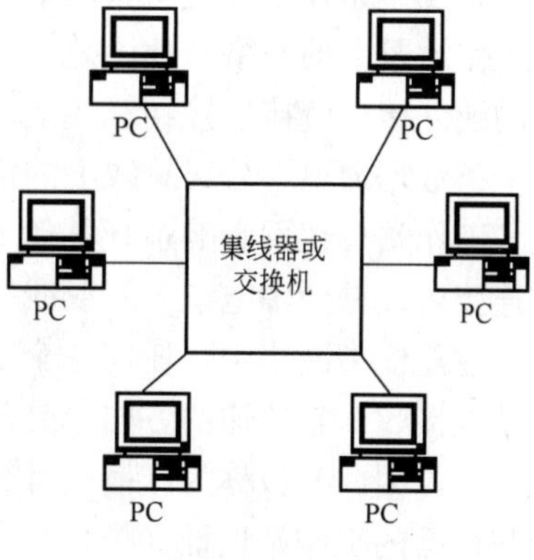

（1）星型拓扑结构的优点

图 1-2　星型拓扑结构

网络结构简单，建网方便，易于维护管理和控制。因为用户之间的通信必须经过中心节点，所以这种结构利于集中控制，通过中心节点可方便地提供各种服务，或者重新配置网络。另外，星型网络结构还有一个优点，就是可以在网络内混用多种传输媒介。

网络可靠性高，稳定性好。由于单个连接点的故障只影响一个设备，因此不会因为一个节点（中心节点除外）出现故障导致全网瘫痪，而且出现问题后，检测和隔离故障也比较容易。

控制介质访问的方法简单。由于任何一个连接只涉及到中心节点和一个节点，因此控制介质访问容易，从而访问协议也十分简单。

传输速度快，传输误差小。由于在这种结构的网络系统中，中心节点是控制中心，任意两个节点间的通信最多只需两步，所以传输速度比较快。同时，由于网络延迟时间较少，传输误差也比较低。

系统扩展容易。星型拓扑结构可以在不影响系统其他设备工作的情况下，非常容易地增加和减少设备。即使带电接入与拆除，对整个网络的运行也不会有任何影响。

带宽扩展容易。这种拓扑结构可以通过增加主干设备的端口连接数来实现扩展主干线的带宽。

（2）星型拓扑结构的缺陷

材料和安装成本高。因为每个站点直接和中心节点相连，需要大量的电缆、电缆沟、中央集线部件，安装工作量大，因此费用较高。

对中心节点依赖性大。由于中心节点出现故障将会引发为致命事故，导致大面积的网络瘫痪，所以整个网络对中心节点的可靠性和冗余度要求很高。在星型网络中，中心系统通常采用双机热备份的方法来提高系统的可靠性。

容易产生瓶颈。由于大量的数据处理要靠中心节点来完成，因此会造成中心节点负荷过重，导致系统安全性较差，资源共享能力也较差。

（3）星型结构网络硬件

星型网络采用10BASE-T布缆标准，也就是用较为便宜的双绞线代替同轴电缆作为整个网络的连接缆线。

3.4 总线型拓扑结构

总线型拓扑结构是局域网中最简单、最主要的拓扑结构之一，广泛应用于随时都有扩充工作站要求的网络系统。总线型拓扑结构采用单根传输线作为传输介质，各站点通过相应的硬件接口直接连接到总线上，总线的两端再连接到终端器上。各工作站地位平等，共享一条数据通道，公司总线上的信息多以基带形式串行传递。由于没有中心节点控制，因此各工作站可在不影响系统其他工作站工作的情况下从总线中移除，总线型结构网络的通信连接可以是同轴电缆、双绞线，也可以是扁平电缆。

在总线型网络中，任何一个工作站发送的信号都可以沿着介质传播，而且能被其他所有站点接收。它传递的方向总是从发送信息的节点开始向两端扩散，如同广播电台发射信息一样，因此又被称为广播式计算机网络。各节点在接受信息时要进行地址检查，确认是否与自己的工作站地址（指目标主机网卡的 MAC 地址）相符，相符合则接收信息。

总线结构网络的工作站节点个数是有限制的，若局域网每个网段的节点数超过 30 个，网络速度会下降。如果工作站节点个数超出总线负载能力，就需要延长总线的长度，并加入相当数量的附加转接部件，使总线负载达到容量要求。图 1-3 为总线型拓扑结构的连接示意图。

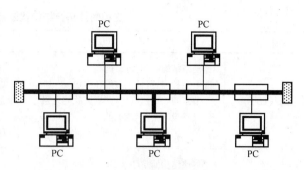

图 1-3　总线型拓扑结构

总线型拓扑结构的优点：

（1）网络结构简单，易于布线和维护。

（2）网络节点间响应速度快，共享资源能力强，设置投入量少，成本低。

（3）易于扩充。当需要增加新站点时，可在总线的任一点将其接入。

（4）站点或某个端用户失效不影响其他站点或端用户通信。

（5）便于组成串行连接的小型局域网，适用于计算机数量较少、布置较集中的单位。

总线型拓扑结构的缺陷：

（1）故障诊断困难。虽然总线型结构网络可靠性高，但故障检测却很困难。因为总线型结构的网络不是集中控制，故障检测需要在整个网络的各个站点上进行，所以必须先将设备断开再连通，以确定故障是否由这一设备引起。另外，由一束电缆连接所有设备的电缆，也造成故障排除比较困难。

（2）故障隔离困难。在总线型拓扑结构的网络中，一个连接站点的故障有可能导致全网不能通信，如故障发生在站点，只需将该站点从网络上移除。但是，如导致网络瘫痪的故障发生在传输介质上，整段总线都要被切断，才能完成故障的隔离。

（3）要求智能终端。由于总线上一般不会设有控制网络的设备，每个节点按竞争方式发送数据，难免会与总线上的信息发生冲突，因此连接在总线上的站点要有介质访问控制功能。

（4）实时性差。由于各工作站均需通过一条共用的总线进行通信，因此在同一时间内只能有一个端用户有权发送数据，其他端用户必须等到获得发送权后才能发送数据。

（5）扩充网络能力的软硬件费用高。在扩展总线的干线长度时，需要新配置中继器、调整终端器等设备，而且总线上的站点需要具有介质访问控制的功能，也增加投入成本。

鉴于上述这些缺陷，所以对计算机数量较多、位置相对分散、传输信息量较大的网络，建议不使用总线结构。

3.5　三种组网方式的比较

如果在所规划的网络环境中，计算机数量不多（比如不超过 10 台），计算机所在的位置比较集中（比如建筑物的同一层），网络间的传输量不大，就无需评估各种拓扑结构的优劣，因为差异不大。在需要考虑网络的可扩充性时，预留未来成长空间往往成为网络规划成败的关键因素之一。如表 1-1 所示列出了这三种拓扑结构优缺点的综合对比。

拓扑结构	优　点	缺　点
总线(Bus)	①网络结构简单,可靠性高 ②电缆长度短,易于布线和维护 ③节点间响应速度快,共享资源能力强 ④设备投入量少,成本低 ⑤易于扩充,数据端用户入网灵活	①故障诊断困难 ②故障隔离困难,任一节点故障有可能导致全网不能通信 ③实时性较差 ④网络规模较大时,传输效率下降幅度较高
星型(Star)	①网络结构简单明了,易于维护管理 ②控制简单,便于建网 ③网络可靠性高,稳定性好。单个节点的故障只影响一个设备 ④传输速度快,网络延迟时间较小,传输误差较低 ⑤系统容易扩展	①对中心节点的可靠性和冗余度要求很高,依赖性太大 ②如果中心节点出现故障,则会成为致命性的事故,可能会导致大面积的网络瘫痪 ③中心节点负荷过重,结构较复杂,容易出现瓶颈现象。系统安全性较差,资源共享能力较差
环型(Ring)	①各工作站地位相等 ②系统中无信道选择问题 ③网络数据传输不会出现冲突和堵塞	①可靠性低,节点的故障将会引起全网的故障 ②故障诊断困难 ③不易重新配置网络 ④当环中节点过多时,势必影响信息传输速率,使网络的响应时间延长,信息传输效率相对较低

3.6　其他拓扑结构

3.6.1　分布式结构

分布式结构是将分布在不同地点的计算机通过线路互连起来的一种网络形式,分布式结构的网络具有如下特点:

可靠性高。由于采用分散控制,因此网络的局部出现故障不会影响全网的正常工作。

传输速率高。由于网络中采用最短路径算法计算数据传输路径,因此响应时间短。

信息流程短。这是因为各个节点间均可直接建立数据链路。

便于在全网范围内共享资源,但这样做的缺点是连接线路所使用的电缆较长,造价高。

网络管理软件复杂,所以在普通的局域网中不采用这种结构。

3.6.2　树型结构

树型拓扑结构是从星型拓扑演变而来的,形状像一棵倒置的树。树型结构是分级的集中控制式网络,当节点发送信号时,跟节点接收此信号时,然后再重新广播发送到全网。与星型网络相比,它的通信线路总长度短,成本较低,节点易于扩充,但除了叶节点及其相连的线路外,任一节点或其相连的线路故障都会使系统受到影响。图 1-4 为树型拓扑结构的连接示意图。

3.6.3　网状拓扑结构

在网状拓扑结构中,网络中的各节点之间存在点到点的链路。由于这种链路连接很不经济,安装复杂,因此并不常用,只在每个站点都要频繁发送信息的特殊情况下才会使用这种结构的网络,因为它具有系统可靠性高,容错能力强的优点。

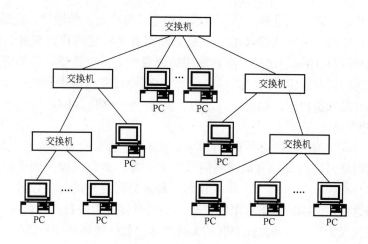

图 1-4　树型拓扑结构

3.6.4　蜂窝拓扑结构

蜂窝拓扑结构是无线局域网中经常用到的网络结构，有点到点和多点传输两种数据传输方式，以微波、卫星和红外等作为传输介质。

3.6.5　混合型拓扑结构

由于局域网的应用越来越广泛，单纯的拓扑结构往往无法满足使用者的全部需求，因此在实际架设网络时，以混合型的拓扑结构居多，其中比较常见的有星型总线和星型环两种。

（1）星型总线

星型总线网络就是星型与总线拓扑结构的混合体，这种网络基本上是以总线为主干的，把许多个较小的星型网络串连起来。由于使用总线将集线器串连起来，每台集线器控制的范围比较平均，因此其中一台发生故障影响的范围不会太大。星型总线结构还保持了星型网的优点，即一台计算机出现问题并不会影响其他计算机的正常工作。

（2）星型环

星型环网络由星型拓扑与环状拓扑组合而成，它是用环状网络将数个星型网络组合起来，与星型总线十分类似。

课题 4　局域网的通信协议和操作系统

4.1　局域网的通信协议

组建网络时，必须选择一种网络通信协议，使得用户之间能够相互进行"交流"。协议（Protocol）是网络设备用来通信的一套规则，这套规则可以理解为一种彼此都能听得懂的公用语言。

4.1.1　内部协议

1978 年，国际标准化组织（ISO）为网络通信制定了一个标准模式，称为 OSI/RM（Open System Interconnect/Reference Model，开放系统互联参考模型）体系结构。该结

11

构共分七层，从低到高分别是物理层、数据链路层、网络层、传输层、会话层、表示层和应用层。其中，任何一个网络设备的上下层之间都有其特定的协议形式，同时两个设备（如工作站与服务器）的同层之间也有其使用的协议约定。在这里，我们将这种上下层之间和同层之间的协议全部定义为"内部协议"。内部协议在组网中一般很少涉及到，它主要提供给网络开发人员使用。如果你只是为了组建一个网络，可不去理会内部协议。

4.1.2 外部协议

外部协议即我们组网时所必须选择的协议。由于它直接负责计算机之间的相互通信，所以通常称为网络通信协议。自从网络问世以来，有许多公司投入到了通信协议的开发中，如 IBM、Banyan、Novell、Microsoft 等。每家公司开发的协议，最初一般是为了满足自己的网络通信，但随着网络应用的普及，不同网络之间进行互联的要求越来越迫切，因此通信协议就成为解决网络之间互联的关键技术。就像使用不同母语的人与人之间需要一种通用语言才能交谈一样，网络之间的通信也需要一种通用语言，这种通用语言就是通信协议。目前，局域网中常用的通信协议（外部协议）主要有 NetBEUI、IPX/SPX 及其兼容协议和 TCP/IP 三类。

（1）NetBEUI 协议

NetBEUI 通信协议的特点。NetBEUI（NetBIOS Extended User Interface，用户扩展接口）由 IBM 于 1985 年开发完成，它是一种体积小、效率高、速度快的通信协议。Net-BEUI 也是微软最钟爱的一种通信协议，所以它被称为微软所有产品中通信协议的"母语"。微软在其早期产品，如 DOS、LAN Manager、Windows 3. x 和 Windows for Work-group 中主要选择 NetBEUI 作为自己的通信协议。在微软如今的主流产品，如 Windows 95/98 和 Windows NT 中，NetBEUI 已成为其固有的缺省协议。有人将 WinNT 定位为低端网络服务器操作系统，这与微软的产品过于依赖 NetBEUI 有直接的关系。NetBEUI 是专门为几台到百余台 PC 所组成的单网段部门级小型局域网而设计的，它不具有跨网段工作的功能，即 NetBEUI 不具备路由功能。如果你在一个服务器上安装了多块网卡，或要采用路由器等设备进行两个局域网的互联时，将不能使用 NetBEUI 通信协议。否则，与不同网卡（每一块网卡连接一个网段）相连的设备之间，以及不同的局域网之间将无法进行通信。

（2）IPX/SPX 及其兼容协议

IPX/SPX 通信协议的特点。IPX/SPX（Internetwork Packet Xchange/Sequences Packet eXchange，网际包交换/顺序包交换）是 Novell 公司的通信协议集。与 NetBEUI 的明显区别是，IPX/SPX 显得比较庞大，在复杂环境下具有很强的适应性。因为，IPX/SPX 在设计一开始就考虑了多网段的问题，具有强大的路由功能，适合于大型网络使用。当用户端接入 NetWare 服务器时，IPX/SPX 及其兼容协议是最好的选择。但在非 Novell 网络环境中，一般不使用 IPX/SPX。尤其在 Windows NT 网络和由 Windows 95/98 组成的对等网中，无法直接使用 IPX/SPX 通信协议。

（3）TCP/IP 协议

TCP/IP（Transmission Control Protocol/Internet Protocol，传输控制协议/网际协议）是目前最常用到的一种通信协议，它是计算机世界里的一个通用协议。在局域网中，TCP/IP 最早出现在 Unix 系统中，现在几乎所有的厂商和操作系统都开始支持它。同时，

TCP/IP 也是 Internet 的基础协议。

TCP/IP 通信协议的特点。TCP/IP 具有很高的灵活性，支持任意规模的网络，几乎可连接所有的服务器和工作站。但其灵活性也为它的使用带来了许多不便，在使用 Net-BEUI 和 IPX/SPX 及其兼容协议时都不需要进行配置，而 TCP/IP 协议在使用时首先要进行复杂的设置。每个节点至少需要一个"IP 地址"、一个"子网掩码"、一个"默认网关"和一个"主机名"。如此复杂的设置，对于一些初识网络的用户来说的确带来了不便。不过，在 Windows NT 中提供了一个称为动态主机配置协议（DHCP）的工具，它可自动为客户机分配连入网络时所需的信息，减轻了联网工作上的负担，并避免了出错。当然，DHCP 所拥有的功能必须要有 DHCP 服务器才能实现。

在组建局域网时，具体选择哪一种网络通信协议主要取决于网络规模、网络间的兼容性和网络管理几个方面。如果正在组建一个小型的单网段的网络，并且对外没有连接的需要，这时最好选择 NetBEUI 通信协议。如果你正从 NetWare 迁移到 Windows NT，或两种平台共存时，IPX/SPX 及其兼容协议可提供一个很好的传输环境。如果你正在规划一个高效率、可互联性和可扩展性的网络，TCP/IP 则将是理想的选择。

4.2 局域网操作系统

网络操作系统（NOS）是网络的心脏和灵魂，是向网络计算机提供服务的特殊的操作系统，它在计算机操作系统下工作，使计算机操作系统增加了网络操作所需要的能力。网络操作系统一般运行在称为服务器的计算机上，并由联网的计算机用户共享，这类用户称为客户机或工作站。

4.2.1 局域网操作系统概述

网络操作系统与运行在工作站上的单用户操作系统或多用户操作系统由于提供的服务类型不同而有差别。一般情况下，网络操作系统是以使网络相关特性最佳为目的的。如共享数据文件、软件应用以及共享硬盘、打印机、调制解调器、扫描仪和传真机等。一般计算机的操作系统，如 DOS 和 OS/2 等，其目的是让用户与系统及在此操作系统上运行的各种应用之间的交互作用最佳。

为防止一次由一个以上的用户对文件进行访问，一般网络操作系统都具有文件加锁功能。如果没有这种功能，将不会正常工作。文件加锁功能可跟踪使用中的每个文件，并确保一次只能一个用户对其进行编辑。文件也可由用户的口令加锁，以维持专用文件的专用性。网络操作系统还负责管理 LAN 用户和 LAN 打印机之间的连接。网络操作系统总是跟踪每一个可供使用的打印机以及每个用户的打印请求，并对如何满足这些请求进行管理，使每一端用户的操作系统感到所希望的打印机犹如与其计算机直接连接。网络操作系统还对每个网络设备之间的通信进行管理，这是通过网络操作系统中的媒体访问法来实现的。网络操作系统的各种安全特性可用来管理每个用户的访问权利，确保关键数据的安全保密。因此，网络操作系统从根本上说是一种管理器，用来连接、资源和通信量的流向。

4.2.2 Microsoft 的 Windows 系列

目前市面上比较普遍使用的网络操作系统是 Microsoft 公司的 Windows 系列。主流的网络操作系统是 Microsoft Windows 2000，稍微旧一点的服务器上可能还运行 Windows NT Server4.0，目前比较新的 Windows 2003 Server 的版本。

(1) Windows NT Server4.0

NT 是由 Microsoft 公司开发的 Windows 的客户机/服务器操作系统。它提供与 Netware 相同的安全保护级别、特征及可靠的性能，并提供方便醒目的视窗界面。它支持所有的网卡的电缆连接。它可以与其他软件开发平台进行交互。它还提供了完整的、集中化的管理软件包，简化了网络管理问题。

(2) Windows 2000

Windows 2000 原来的名称叫做 Windows NT Server5.0，它与 Windows NT Server4.0 在本质上是相同的，很多的操作和设置都与 Windows NT Server4.0 相类似。但与 Windows NT Server4.0 相比又有很多新的发展。总的来说，Windows2000 具有以下新的特征。

更新的保障设计，更安全的操作系统。

多种风格的个人界面设计。

精简的网络通信协议，全面提升网络效率。

封装了 Pcanywhere 远端控制软件，将它作为 Windows 2000 的自带功能。

支持最新的 DVD 刻录技术。

全面的多媒体应用手段，支持目前所有的视频、音频格式。

完整的 DVD 解码、播放和压缩功能。

(3) Windows2003 Sever

Windows 2003 Sever 是目前最新的应用最广泛的网络操作系统，以其强大的功能在网络操作系统市场上占绝对优势。

4.2.3 网络操作系统的选择

常见的网络操作系统有 Netware、Windows NT、Linux 等，它们各具特色，而决定用户选择取向的因素很多，主要有以下几点：

· LAN 服务器的性能和兼容性

· 网络规模

· 远程通信质量

· 可靠性需求

· 价格因素

· 第三方软件

思考题与习题

一、选择题（答案不唯一）

1. 计算机网络的主要功能是（　　）。

A. 数据通信、资源共享、分布处理　　　　B. 数据通信、资源共享、实现广播

C. 共享硬件、分布处理、实现广播　　　　D. 软件共享、分布处理、数据通信

2. 我们通常所说的上网是指上（　　）。

A. 城域网　　　　　B. 局域网　　　　　C. 广域网　　　　D. 本地网

3. 一般要求局域网有（　　）。

A. 较高的信号传输速度   B. 较低的传输误码率

C. 较低的能量损耗   D. 以上说法都对

二、是非题

1. 广义地说，计算机网络是以实现远程通信为目的，一些互联的、独立自治的计算机的集合。（   ）

2. 光纤传输距离短，传输率较低，安全性较高。（   ）

3. 局域网的各个节点一定要用铜质导线连接。（   ）

4. 粗同轴电缆标准传输距离分别为 500m 以内。（   ）

5. 局域网中的通信介质主要有同轴电缆、双绞线和光纤等。（   ）

6. 局域网的通信协议是为了通信方便。（   ）

7. TCP/IP 是目前最常用到的一种通信协议。（   ）

三、填空题

1. 按传输介质分类，局域网有＿＿＿＿＿＿、＿＿＿＿＿＿、＿＿＿＿＿＿和＿＿＿＿＿＿。

2. 星型网络拓扑结构优点有＿＿＿＿＿＿、＿＿＿＿＿＿和＿＿＿＿＿＿。

3. 常见的网络操作系统有＿＿＿＿＿＿、＿＿＿＿＿＿和＿＿＿＿＿＿。

四、问答题

1. 什么是计算机网络？

2. 局域网有哪些功能？

3. 总线型网络拓扑结构有哪些优点？

单元 2　双机局域网组建

知 识 点：双机网络、串口电缆网络、并口电缆网络、USB 联网、网卡、双绞线、网络协议。

教学目标：了解串口电缆组网、并口电缆组网、USB 接口组网和网卡连接组网的方法，了解无线局域网的建网方法。

根据摩尔定律，计算机硬件在数月之内就会被更新。由于旧款硬件设备的重复利用率不高，所以很多用户选择了重新购置。这样一来，原先的旧硬件如果单独使用，效果不行，丢弃又觉得可惜，成了鸡肋。那么如果把它们组成一个小小的局域网，以充分利用已有资源，实现共享——共享文件；共享一台打印机；也可以通过备份，提高系统重要文件的安全性。另外，双机局域网还可以运行具备局域网络功能的游戏。

那么首先让我们来了解一下双机局域网的组建。双机局域网，顾名思义，主要是由两台计算机通过一定的媒质，组建起来的小型局域网，它能够实现文档的相互传输、共享一台打印机、可供两人联网打游戏还可以通过一个调制解调器或用 ADSL 接口上 Internet 网。根据连接两台计算机的媒质不同，双机局域网的组网方案主要有：双机直接电缆连接组网、双绞线组网、无线网卡组网等几种。

小知识：双机联网乃至多机联网的优点主要有哪些？

1. 家庭使用可以适当增加硬盘的存储量。旧机器硬盘有 20G，新机器有 80G，则联机后就有将近 100G 的硬盘存储量。

2. 单位使用可以提高重要文件的安全性。重要文件异机分别存储，当某一机器瘫痪之后，再通过联网进行恢复使用，从而不会丢失。

课题 1　双机直接电缆连接组网

双机直接电缆连接组网是利用电缆直接把两台计算机连接起来的一种组网方式，组网的过程中，通信电缆是必不可少的配件，它主要有串口电缆、并口电缆和 USB 联网线三种。

1.1　串口电缆组网

串口电缆组网是利用一根电缆线分别连接两台计算机的串行口，从而实现联网的一种组网方式。根据串口通信的要求，当计算机两个串口进行数据通信的时候需要 7 根导线（即串口的 7 根针）。分别用于接收数据（RD），发送数据（TD），数据终端就绪（TDR），信号地线（GND），数据设备就绪（DSR），请求发送（RTS）和清除发送（CTS）。

串口电缆的连接头有 9 针和 25 针两种（在新款计算机中 25 针已经很少见到），那么在选购时一定要注意两台计算机使用的是 9 针还是 25 针、或者一端是 9 针而另一端是 25 针，当然，首先要搞清楚所要连接的是串口还是并口。当然串口电缆线也可以自己制作，制作时需要足够长的电缆线（可以使用电话线芯或双绞线芯），电缆插头，电烙铁，焊锡丝，用于检测的万用表，以及一些辅助工具。

1.1.1　串口电缆的制作

串口电缆的作用是把两台计算机通过串口连接起来。串口一般的计算机都有，有的有一个，有的有两个，现在的计算机的串口一般是一个 9 针接口，而一些老的机型的串口是 25 针接口。这样，串口电缆一般的连接方法有 4 种：9 针接头对 9 针接头、9 针接头对 25 针接头、25 针接头对 9 针接头、25 针接头对 25 针接头。平时使用较多的串口电缆是 9 针接头对 9 针接头。各种连接方式如下：

（1）9 针接头对 9 针接头的连接

第 2 针	第 3 针
第 3 针	第 2 针
第 4 针	第 6 针
第 5 针	第 5 针
第 6 针	第 4 针
第 7 针	第 8 针
第 8 针	第 7 针

（2）9 针接头对 25 针接头

第 2 针	第 2 针
第 3 针	第 3 针
第 4 针	第 6 针
第 5 针	第 7 针
第 6 针	第 20 针
第 7 针	第 5 针
第 8 针	第 4 针

（3）25 针接头对 25 针接头

第 2 针	第 3 针
第 3 针	第 2 针
第 4 针	第 5 针
第 5 针	第 4 针
第 6 针	第 20 针
第 7 针	第 7 针
第 20 针	第 6 针

在制作的过程中，所焊接的到底是第几针一定要搞清楚。通常串口的每根旁边都有固定的编号，通常把针多的一排朝上，针少的一排朝下，自左向右的编号分别为 1、2、3……。9 针接头编号如图 2-1 所示，25 针接头编号如图 2-2 所示。另外，焊接前，要根据两台计算机之间的距离合理选择电缆线的长度，一般串口连接电缆距离不超过 10m，否则会影响其通

信的安全性、可靠性和速度。焊接时要注意前面编号和后面焊接点一一对应（切记不可从后面焊接点给接头再重新编号）。焊接时，要保证焊接牢固，不能出现虚焊或者搭焊。

图 2-1　9 针接头　　　　　　　　图 2-2　25 针接头

✤ 小技巧：如何才能很好的使用电烙铁把通信电缆焊接到接头上？

首先是做好准备工作，有条件的话，最好选择烙铁头是针形的、功率为 40W 上下的外热式电烙铁。焊锡丝要选择高亮度的、优质的，这对于美观有很大的帮助。其次是上焊锡，给所要焊接的针头上满焊锡，注意这时不要太饱满，否则加上电缆线之后，焊锡会溢出，造成搭焊；电缆线也要上焊锡，新手在制作时，可以剥出 5mm 长度的金属线上焊锡，接着根据焊接的需要进行截取。最后进行焊接，操作时要把接头固定，可以把接头固定在泡沫上或由同组人协助，然后预热接头上的焊锡，熔化后立即把上过锡的电缆线放入熔化的焊锡中，大约 2 秒钟，移开烙铁，（这里注意电缆线放入后不可再过多的持续加热，长时间加热，接头塑料承受不了，也容易产生渣焊）待冷却后，移开持线手，检查焊点，无渣焊、气孔焊、搭焊即可，否则重新上锡，进行焊接。

焊接完毕，先检查焊点个数是否为 7，然后用万用表检测焊接质量，最后进行必要的封装成型。

✤ 小技巧：如何使用万用表检测联机电缆的焊接情况？

使用万用表的（R×1）欧姆挡进行检测。首先将万用表调零，然后将两个做好的接头放在一起，用一支表笔接触某个接头的一个引针，而另一个表笔分别接剩下的接头所有引针，观察读数，以确定没有搭焊、虚焊、漏焊。

串口连接电缆制作完毕后，就可以在未开机前，将所需要联网的两台计算机的串口（COM1）用刚做好的串口电缆直接连接起来。就这么简单，串口双机网的硬件连接就做好了。但是，要使这两台计算机能够相互访问，实现数据传输和资源共享，还需要对两台计算机的操作系统进行相关的设置。

1.1.2　串口电缆直接连接在 Windows 2000 操作系统中的实现方法

每一台计算机的操作系统可能都是不同的，要在不同的操作系统下设置串口配置，方法不尽相同。但是，现在的计算机大都是用 Windows 2000 或 Windows XP，现在就以计算机的操作系统是 Windows 2000 为例，来说明如何设置串口配置。

在这两台计算机中，主要为对方提供文件和打印机等资源的计算机称之为"主机"；另一个则称为"来宾"（也有称为"客户机"）。

（1）主机端的系统设置

1）双击桌面图标【网上邻居】，弹出【网上邻居】窗口，如图 2-3 所示；单击图左侧
热区【网络和拨号连接】，弹出【网络和拨号连接】窗口，如图 2-4 所示；双击图标【新
建连接】，弹出【网络连接向导】的【欢迎使用】界面，如图 2-5 所示。

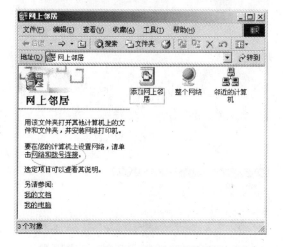

图 2-3　网上邻居

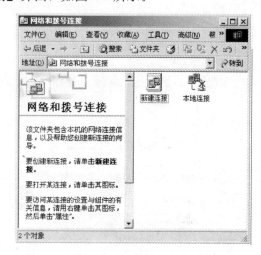

图 2-4　网络和拨号连接

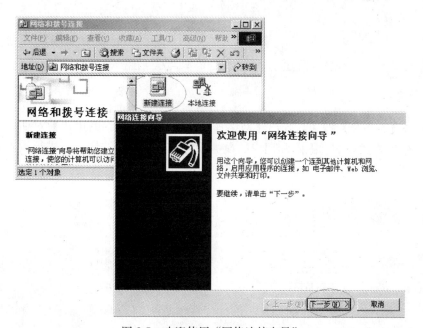

图 2-5　欢迎使用"网络连接向导"

2）单击【下一步】按钮，弹出【网络连接向导】的【网络连接类型】对话框，选中
【直接连接到另一台计算机（C）】，如图 2-6 所示。

3）单击【下一步】按钮，弹出【网络连接向导】的【主机或来宾】对话框，选中
【主机】，如图 2-7 所示。

4）单击【下一步】按钮，弹出【网络连接向导】的【连接设备】对话框，选中【通
信端口（COM1）】，如图 2-8 所示。

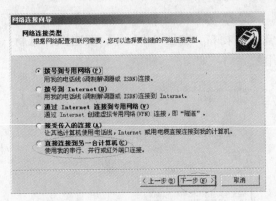

图 2-6　网络连接类型设置

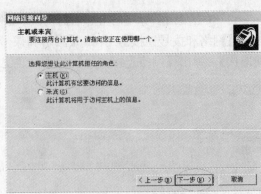

图 2-7　主机或来宾设置

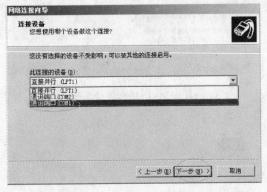

图 2-8　连接设备选择设置

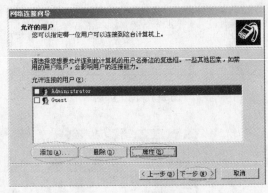

图 2-9　允许的用户设置

5）单击【下一步】按钮，弹出【网络连接向导】的【允许的用户】对话框，如图 2-9 所示，其中用户的添加、删除和用户的属性设置都有各自的按钮，可进行设置，如图 2-10 所示。

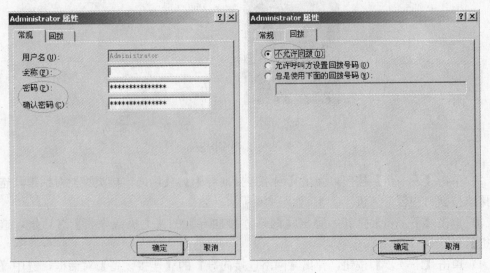

图 2-10　用户属性设置

6）单击【下一步】按钮，弹出【网络连接向导】的【完成网络连接向导】对话框，单击【完成】按钮，如图2-11所示，此时即可完成对主机端的设置。

（2）来宾端的系统设置

1）前面设置如同主机端设置一样，当进入图2-7对话框时，选中【来宾】。如图2-12所示。

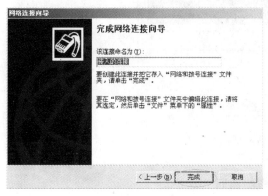

图2-11　完成设置

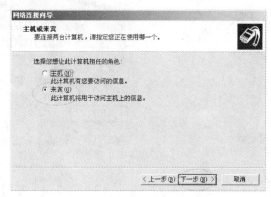

图2-12　主机或来宾设置

2）单击【下一步】，弹出【网络连接向导】的【选择设备】对话框，此处设备的选择与主机端一样，为【通信端口（COM1）】，如图2-13所示。

3）单击【下一步】，弹出【网络连接向导】的【可用连接】对话框，如图2-14所示。如果只是想设置当前用户使用，则可以选择【只是我自己使用此连接（O）】；如果想要所有用户都可以使用，则可以选择【所有用户使用此连接（F）】。

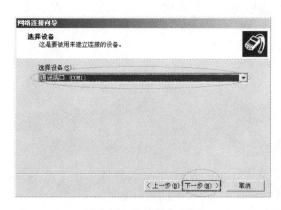
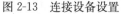

图2-13　连接设备设置

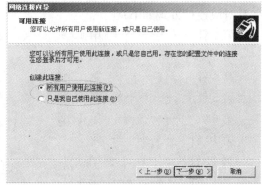

图2-14　可用连接设置

4）单击【下一步】，进入图2-11对话框，单击【完成】即可。

5）在主机端双击成功建立的直接电缆连接图标，然后在来宾端双击网络连接中建立的直接连接图标。

6）这样，在来宾端就会弹出如图2-15所示的【连接 直接连接】对话框，在其中输入建立直接电缆连接主机端时选择的用户名和密码，单击【连接】按钮后，两台计算机就可以互联了。连接成功后将会在任务栏右下角出现双机正在互联的图标。

图 2-15　连接对话框

1.2　并口电缆组网

并口电缆组网是利用一根电缆线分别连接两台计算机的并行口，从而实现联网的一种组网方式。并口电缆组网的连接方式只有 25 针接头对 25 针接头这一种。在购买现成的并口电缆时，要注意不能同串口的连接方式中 25 针接头对 25 针接头搞错了。当然并口电缆线也可以自己制作，制作时需要足够长的电缆线（可以使用电话线芯或双绞线芯），电缆插头，电烙铁，焊锡丝，用于检测的万用表，以及相关的辅助工具。

1.2.1　并口电缆的制作

并口电缆的制作与串口电缆的制作过程大致相同，只是连接线多了几根，位置不同。各针对应连接方式如下：

第 2 针 ————— 第 15 针

第 3 针 ————— 第 13 针

第 4 针 ————— 第 12 针

第 5 针 ————— 第 10 针

第 6 针 ————— 第 11 针

第 10 针 ————— 第 5 针

第 11 针 ————— 第 6 针

第 12 针 ————— 第 4 针

第 13 针 ————— 第 3 针

第 15 针 ————— 第 2 针

第 25 针 ————— 第 25 针

制作完毕，清查焊接导线数目，用万用表检测焊接的情况，不能出现虚焊和搭焊。另外，要注意并口电缆线的长度应不超过 3m。

1.2.2　并口电缆直接连接组网在 windows 2000 操作系统中的实现方法

（1）主机端的系统设置

并口电缆直接连接组网系统设置中，主机端的系统设置与串口电缆直接连接组网的主

22

机端系统设置差不多，只是当弹开图 2-8 对话框时，选中【直接并行（LPT1）】即可，如图 2-16 所示。

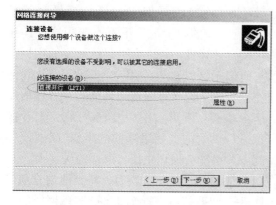

图 2-16　主机端连接设备选择设置

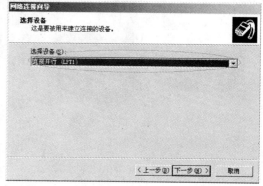

图 2-17　来宾端连接设备选择设置

（2）来宾端的系统设置

并口电缆直接连接组网系统设置中，来宾端的系统设置与串口电缆直接连接组网的来宾端系统设置不同之处有两个。

1）当弹出图 2-13 对话框时，应选择【直接并行（LPT1）】；如图 2-17 所示。

2）当弹出图 2-11 界面时，单击【完成】按钮，则弹出图 2-15 对话框。

小知识：为什么无法将台式电脑与笔记本电脑用直接电缆连接？

这是因为这台笔记本电脑自身可能带有 PCMCIA 网卡。解决的方法是：右击【我的电脑】，选中【属性】，单击【硬件】，打开【设备管理器】，删除【网络适配器】的记录，重新连接即可。

1.3　USB 联网线组网

目前在市场上新购置的计算机基本上都有 USB 接口，那我们可不可以通过 USB 接口来实现两台计算机的互联呢？当然是可以的，针对 Windows 2000 操作系统，一般情况下只需要一根如图 2-18 所示的 USB 联网线即可。

用 USB 联网线组建双机局域网，它不仅能够实现两台计算机之间的连接，还可以共享对方计算机中的各种文件、软驱、光驱、硬盘和打印机，甚至打网络游戏等等。由于 USB 联网线支持即插即用，传输速率最高可达 480Mbps，远高于串、并口电缆线的传输速率。

USB 联网线按照接口类型分为 USB 2.0 和 USB 1.1 两种接口，其中 USB 2.0

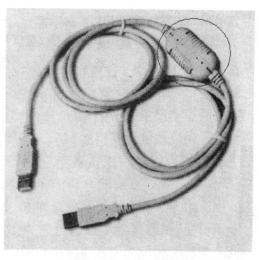

图 2-18　USB 联网线

图 2-19 USB外设连接线

接口联网线的传输速率要高于 USB 1.1 接口；在目前市场上，还有一种 USB 连接线，如图 2-19 所示，这种 USB 连接线是用来连接计算机和外设（如移动硬盘等）的，请记住千万不能用这种连接线来连接两台计算机，否则会引起计算机的主板损坏，购买时以示区别；另外用户在购买 USB 联网线时应注意，尽量选择有一定知名度的或者诚信度较高的店面购买，不可贪图小便宜。因为 USB 接口是可以进行供电的，如果选购的 USB 联网线存在质量问题，可能会损坏主板，那样损失就大了。

在用 USB 联网线进行组网时，将其两端分别与两台计算机的 USB 接口进行连接（USB 联网线的距离有限，一般在 3m 左右），在 Windows 2000 操作系统中，一般不需要手动安装驱动程序，直接可以把两台计算机连接起来。如果需要手动安装驱动程序，则拔下 USB 联网线，运行购买 USB 联网线时附赠光盘中的驱动程序，之后插上 USB 联网线即可。

课题 2　网卡连接组网

其实，用电缆线直接把两台计算机连接起来，只是能够使两台计算机能够互通信息，共享资源，但这种组网方法并不是一般意义上的计算机连接方法。在双机互联的方案中，若要组网的稳定性好、文件传输速率快，那还得要选择网卡组网方式。它一般需要在所组网的两台计算机上各安装一块网卡，通过双绞线等一定的传输介质，可以实现 10Mbps 或 100Mbps（甚至 1000Mbps）的传输速率。

2.1　硬件安装

2.1.1　网卡

网卡作为组建局域网不可缺少的硬件，是计算机与局域网、宽带相互连接的桥梁。在网络中，网卡的作用是双重的。既可以接受和解包网络上传来的数据包，再将其传输给本地计算机；又可以打包和发送本地计算机上的数据，再将数据包通过通信介质送入网络。

（1）网卡分类

1）按传输的速率分类，有 10Mbps 网卡、100Mbps 网卡、10/100Mbps 自适应网卡和 1000Mbps 网卡等。目前市场主流产品是 10/100Mbps 自适应网卡。

2）按网卡接口分类，有 ISA 网卡、PCI 网卡和 USB 网卡等。PCI 网卡因其系统资源占用率相对很低而成为市场中的主流网卡。

3）按网卡的插头分类，有 BNC 接口网卡（用细缆作为连接线）、AUI 接口网卡（用粗缆作为连接线）和 RJ-45 接口网卡（用双绞线作为连接线）。另外，还有一种叫无线网卡，它可以分为外接式和内接式两种。外接式无线网卡需要使用天线，并且在网卡和天线之间用一根长约 50cm 的细缆相连着；内接式无线网卡直接安装在网卡的末端，多用于笔记本电脑。目前，台式电脑使用较多的是 RJ-45 接口网卡。

（2）网卡选择

目前，市面上的台式机网卡主要有 ISA、PCI 两种接口。ISA 网卡兼容性较差，在某些主板上安装会发生无法分配中断等兼容性问题。PCI 网卡兼容性较好，速度快，系统资源占用率较低。除非主板不支持，否则应首选 PCI 网卡。

考虑到网卡的传输速率，若用于网络语音视频等大数据量传输，选择 100Mbps 的网卡较好。对于普通的家庭用户，选择主流的 10/100100Mbps 自适应网卡就足够了。

针对于网卡接口，常见的主要有 BNC 细缆接口和 RJ-45 双绞线接口两种。BNC 细缆安装容易、造价低，但其网络布线受物理结构限制，日常维护不够方便，如果一个节点出故障会影响其他用户正常工作，所以通常选择 RJ-45 接口的网卡。RJ-45 接口的网卡使用非屏蔽双绞线（UTP）作为传输介质，最高速率能达到 100Mbps。

除了以上几点应该注意之外，选择网卡时还要留心网卡是否具有自动网络唤醒（Wake On LAN）、支持全双工模式和远程启动等功能。例如，全双工的网卡在发送数据的同时还能接受数据，工作的效率是半双工的两倍。相同速率的网卡，全双工的通信速率是半双工网卡的两倍。

（3）网卡安装

网卡的安装步骤因网卡的不同而异，下面以主流产品 PCI 网卡的安装为例。

1）关闭计算机并切断电源，打开主机箱；

2）在计算机的主板上我们会发现几个白色的插槽，任何一个插槽都可以插 PCI 网卡。选中一个之后，去掉所对应的条形金属防尘片，如图 2-20 所示。

图 2-20　PCI 插槽与防尘片

图 2-21　网卡的安装

3）安装网卡，首先消除手上的静电，最好戴上防静电手镯，以防人体静电对电子器件的损害；然后取出网卡，将其垂直于主板的方向插入 PCI 插槽中；最后固定好网卡即可，如图 2-21 所示。

2.1.2 双绞线的制作

双绞线是局域网中最常用的网线，由 4 组相互缠绕的铜线封装在一层绝缘外套中。4 组铜线绞在一起的原因是当金属线中有电流（线路中有数据传输）通过时会产生电磁场，将正信号与负信号的线对绕，两者产生的磁场就会相互抵消，从而减少信号的干扰。

🌸 小技巧：如何选购优质双绞线？

1. 看。主要看包装箱的质地和印刷、双绞线外皮的颜色及标志、双绞线的颜色和绞合密度、以及双绞线外皮的阻燃情况。优质的双绞线：包装箱纸板挺括，边缘清晰，甚至有防伪标志；双绞线外皮上应当印有诸如厂商产地、执行标准、产品类别（如 CAT5e，表示 5 类非屏蔽双绞线）及线长标志之类的字样；双绞线每一线对都以逆时针方向相互绞合，同一电缆中的不同线对具有不同的绞合密度；双绞线中 8 根细线的颜色是用相应的塑料作成的；双绞线的外皮遇火灼烧，会逐步熔化变形，但不燃烧。

2. 摸。优质双绞线的外皮手感舒服、外皮光滑；用手捏一捏线体，优质双绞线手感应当饱满；另外，优质双绞线应当可以随意弯曲，以便布线。

双绞线分为非屏蔽双绞线（UTP）和屏蔽双绞线（STP）两大类，普通用户多选择非屏蔽双绞线。非屏蔽双绞线根据传输的速率和用途不同，又分为 3 类、4 类、5 类、超 5 类和 6 类，其中，5 类和超 5 类使用较多。

🎓 小知识：

双绞线可按照能够传输信号的速度进行分类，不同类的双绞线之所以其传输信号的速度不同，是因为制造时所用的材料不同，一般的双绞线和信号传输速率的关系为：

1 类双绞线：使用普通的 UTP 电话线，只能运载声音信号，不能运载数据信号。

2 类双绞线：保证数据传输速率可以最高达到 4Mbit/s。

3 类双绞线：保证数据传输速率可以最高达到 10Mbit/s。

4 类双绞线：保证数据传输速率可以最高达到 16Mbit/s。

5 类双绞线：保证数据传输速率可以最高达到 100Mbit/s。

超 5 类双绞线：保证数据传输速率可以最高达到 1000Mbit/s 或以上。

网线（双绞线）中的 4 对相互缠绕的导线在其绝缘层上都有分色标注，它们是：绿白、绿，橙白、橙，蓝白、蓝和棕白、棕。在用网线、网卡连接计算机时，网线是通过连接头插到网卡上的，而我们自己制作网线，就是把双绞线中的 4 对相互缠绕的导线按照一定的排列顺序压接在连接头（水晶头）上。

目前，最常见的双绞线布线标准有两个，分别为 T568A 标准和 T568B 标准，如表 2-1 所示。

网线连接 T568 标准

表 2-1

序号	T568A 标准	T568B 标准	序号	T568A 标准	T568B 标准
1	绿白	橙白	5	蓝白	蓝白
2	绿	橙	6	橙	绿
3	橙白	绿白	7	棕白	棕白
4	蓝	蓝	8	棕	棕

　　双绞线有 8 根细线，当用于双机互联的连接线时，实际上起到作用的只有 4 根，分别是 1、2、3、6，其中第 1、第 2 根用于传输数据，第 3、第 6 根用于接受数据，其余没有用处。这样，实际用两组双绞线也可以制作，因屏蔽效果不好、安全性不好和不美观而很少采用。

　　制作一根双绞线，需要两个水晶头，两个水晶头制作时按照什么标准，就要根据双绞线制作的用途作不同的要求。如果两个水晶头布线完全相同，即同时采用 T568A 标准或 T568B 标准，则称为直通线。这种线主要用于 3 种连接：第一种用于计算机连接集线器（或交换机）时；第二种是用于某台集线器（或交换机）以 Up-Link 端口连接至另一台集线器（或交换机）的普通端口时；第三种用于连接集线器（或交换机）与路由器的 LAN 端口时。如果两个水晶头布线不同，一个采用 T568A 标准，另一个采用 T568B 标准，则称为交叉线。这种线主要用于两种连接：第一种用于两台计算机通过网卡直接连接时；第二种用于将集线器（或交换机）的普通端口按级联方式连接时。

　　双绞线的标准接法不是随便规定的，它是为了保持线缆接头布局的对称性而制定的。这样就可以使水晶头内线缆相互的干扰因相互抵消而降到最低。若不按此规则接线，有时也能接通，但各线之间的干扰却不能有效消除，会导致网络性能下降。

　　小知识：如何判断跳线的线序？

　　将水晶头有塑料弹簧片的一面向下，有金属针脚的一面向上，使有针脚的一端指向远离自己的方向，有方形孔的一端指向自己，则从左至右依次为 1～8 脚，如图 2-22 所示。此处的管脚序号与表 2-1 中的序号统一。

　　两台计算机的联网线采用交叉线，下面以交叉线的制作为例，简要说明双绞线的制作过程。

图 2-22　跳线的线序

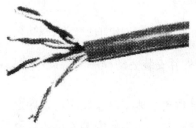

图 2-23　除去外皮后的双绞线

1）取出双绞线，截取适当的长度，最少为 0.6m，最大为 100m。

2）任取一端，去除外皮 2～3cm，不管使用什么工具——剥线器、剪刀都可以，都不能破坏里面细铜线的有色外皮，如图 2-23 所示。

3）剥开一端外皮之后，就可以看到 4 对共 8 条线，它们双双绕在一起，这 4 对线的颜色分别是橙白/橙、绿白/绿、蓝白/蓝、棕白/棕。橙白指的是这根线有白色有橙色，而不是混合色。剥开每一条线，排列顺序首先按照 T568B 标准排列，如图 2-24 所示。

4）在保持次序的前提下捋直每根线，此时让它们一个挨着一个排列，然后用压线钳剪去前端，仅留下约 1.4cm 的长度，注意要剪齐，且一次性完成。

5）将剪齐的双绞线小心地放入 RJ-45 水晶头内，不能打乱之前的顺序，第一根线应是橙白色的铜线。同时要注意细铜线前端要全部到头，这一点可从侧面观看；为了防止接头在拉扯时造成接触不良，可以使用一种 RJ-45 接头的保护套，最后用压线钳把水晶头压实就行了，如图 2-25 所示。如果没有保护套，在把铜线塞入水晶头后，利用外表皮的延展性也塞入一些，用压线钳压水晶头时能压到就行，这样也能起到防拉扯的作用。

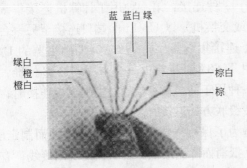

图 2-24　正确的顺序

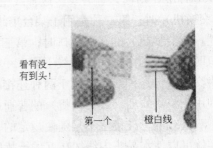

图 2-25　插入 RJ-45 水晶头

6）用同样的方法遵循 T568A 标准制作另一端。

7）用万用表的欧姆档（R×1），检查接触是否良好；有条件的话可用双绞线测试仪进行检测。如果检查接触不良，可用压线钳把水晶头再用力压一下，还不行则从第二步骤从头做起。制作好的实物如图 2-26 所示，此为一采用保护套的成品双绞线。

2.1.3　协议设置

图 2-26　已经制作好的网络连接线

现在使用的计算机及其附属设备一般都支持即插即用功能，所以在安装了网卡之后第一次启动计算机时，系统会出现"发现新硬件并安装驱动程序"的提示信息，用户只需要根据提示安装所需要的驱动程序即可。

两台计算机安装了网卡和驱动程序之后，插上制作好的双绞线电缆，要想真正把两台计算机连接起来，还需要安装通信协议和标志计算机。

1）选中【网上邻居】，单击右键，选中【属性（R）】，弹出【网络和拨号连接】对话框，如图 2-27 所示。

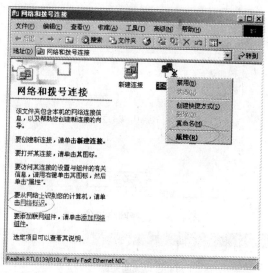

图 2-27 网络和拨号连接

2）选中【本地连接】，单击右键，选中【属性（R）】，弹出【本地连接 属性】对话框，如图 2-28 所示。

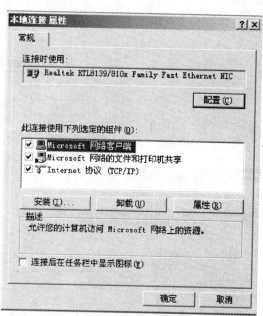

图 2-28 本地连接属性

3）选中【Microsoft 网络客户端】，单击【安装（I）】，弹出【选择网络组件类型】对话框，如图 2-29 所示。

4）选中【协议】，单击【添加（A）】，弹出【选择网络协议】对话框，如图 2-30 所示。选中【NWLink IPX/SPX/NetBIOS Compatible Transport Protocol】，单击【确定】。

5）在【本地连接 属性】对话框中，选中【Internet 协议（TCP/IP）】，单击【属性（R）】，弹出【Internet 协议（TCP/IP）属性】对话框，如图 2-31 所示，确定 IP 地址和

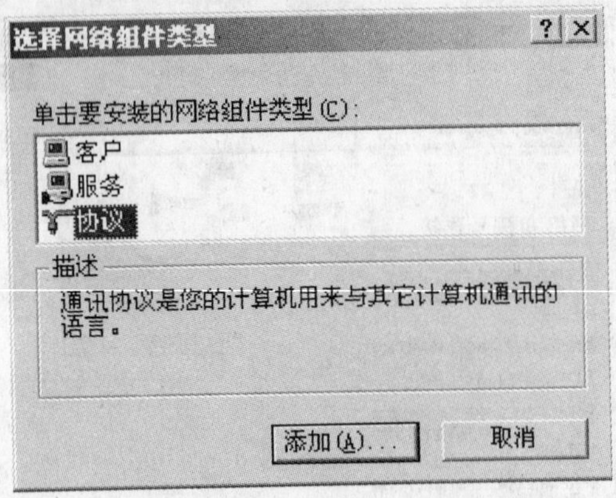

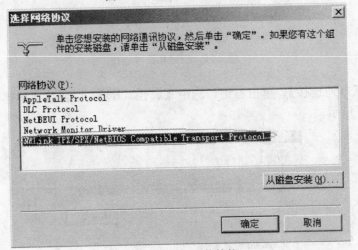

图 2-29　选择网络组件类型

图 2-30　选择网络协议

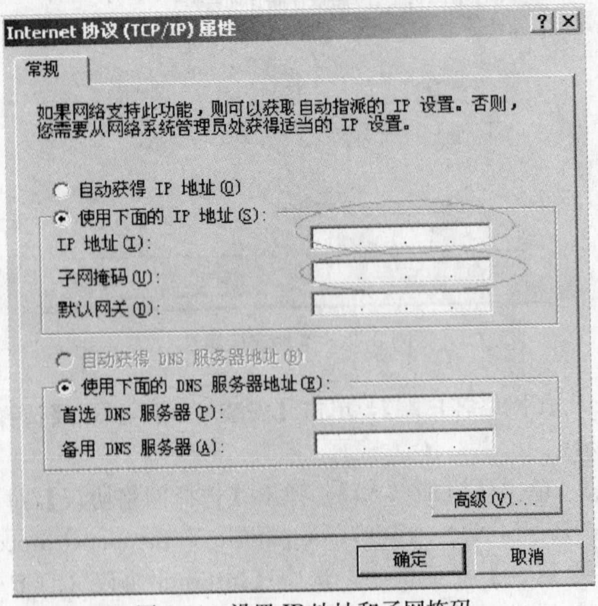

图 2-31　设置 IP 地址和子网掩码

子网掩码，可以把两台计算机其中一台的 IP 地址设置为：192.168.1.3，子网掩码设置为：255.255.255.0；另一台的 IP 地址设置为：192.168.1.5，子网掩码设置为255.255.255.0。最后单击【确定】。

6）回到【网络和拨号连接】对话框，如图 2-27 所示，单击对话框左下方的【网络标识】，弹出【系统特性】对话框，如图 2-32 所示；

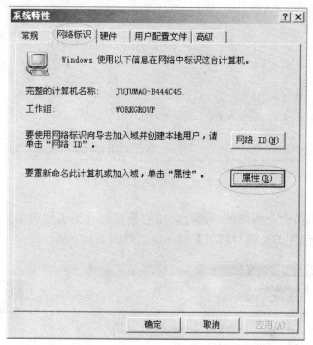

图 2-32　系统特性

7）选中【网络标识】，单击【网络 ID（N）】，弹出【网络标志向导】欢迎界面，如图 2-33 所示；单击【下一步】，弹出【如何使用本计算机】对话框，如图 2-34 所示；

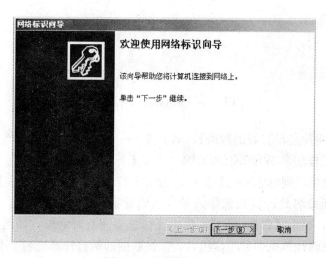

图 2-33　网络标志向导

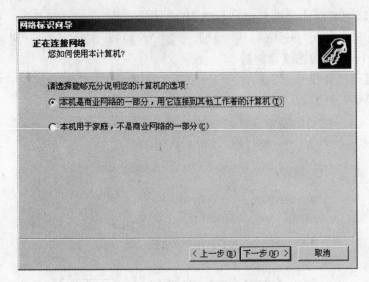

图 2-34   如何使用本计算机

8）选中【本机是商业网络的一部分，用它连接到其他工作着的计算机（T）】，单击【下一步】，弹出【使用的是哪种网络】对话框，如图 2-35 所示；

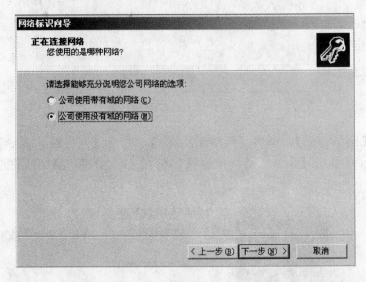

图 2-35   使用的是哪种网络

9）选中【公司使用没有域的网络】，单击【下一步】，弹出【工作组名】界面，如图 2-36 所示，输入工作组名 WORKGROUP，单击【下一步】；

10）弹出【网络访问标志完成】界面，如图 2-37 所示，单击【完成】即可。

11）若要重新命名此计算机或加入域，回到【系统特性】对话框，如图 2-32 所示，选中【网络标志】，单击【属性（R）】，弹出【标志更改】对话框，如图 2-38 所示。在这个对话框中可以更改计算机名和工作组名，但是联网的两台计算机名字不能相同，而工作组一定要相同。

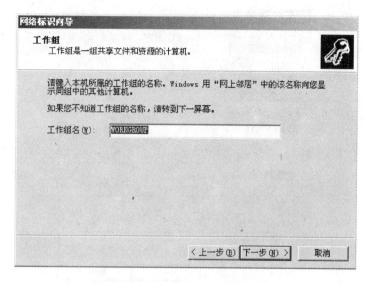

图 2-36 设置工作组名

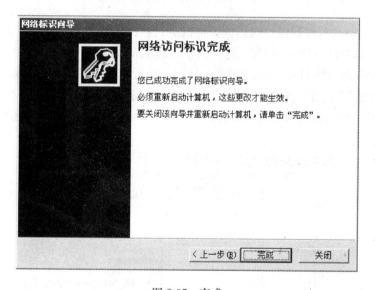

图 2-37 完成

12）通过以上的操作，两台计算机之间就可以进行联网——可共享文件、打印机，还可以打游戏。如果想共享上网，需要将"来宾"机网卡的网关设置为主机的IP地址。

当然，在所有的连接方式当中，要想将计算机上的资源提供给另一台计算机时，都要进行相应的设置。下面我们进行具体的讨论。

例如，要想将 E 盘根目录下的名为"电影"的文件夹设置为共享，选中该文件夹，单击右键，如图 2-39 所示。选中【共享（H）】，弹出【电影 属性】对话框，选中【共享该文件夹（S）】选项就可以实现文件夹共享的功能，如图 2-40 所示。

为了防止别人随便使用该文件夹，可以单击图 2-39【电影 属性】对话框中的【权限

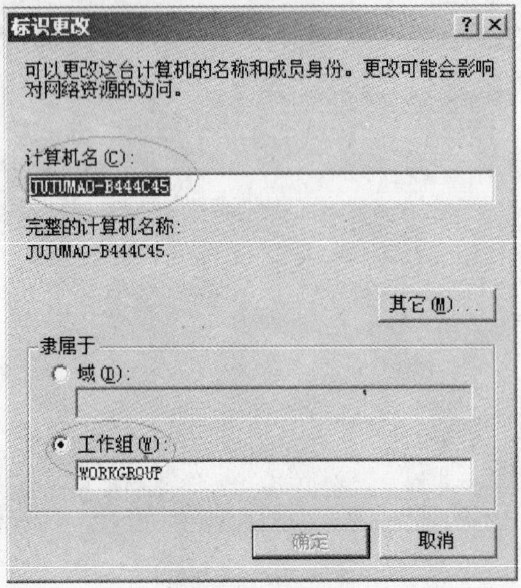

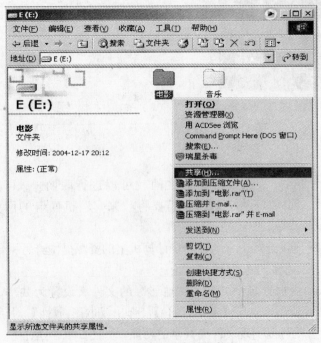

图 2-38　重新设置计算机名和工作组

（P）】，弹出【电影的权限】设置对话框，可以进行权限的设置，如图 2-41 所示。设置的形式有多种。可以让文件夹对所有人进行共享，共享允许的形式可有三种：只可读取、只可更改和完全控制（既可读取又可更改）；另外，也可以选中【Everyone】，单击【删除】按键，然后单击【添加】按键，弹出【选择用户或组】对话框，如图 2-42 所示，进行设置，被选中的用户或组才有权共享该文件夹，那么也可以对每个用户或组设置不同的共享允许的形式。

图 2-39　选中要共享的文件夹

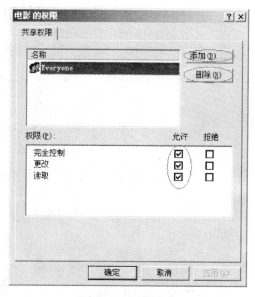

图 2-40 共享设置　　　　　　　　　　图 2-41 权限设置

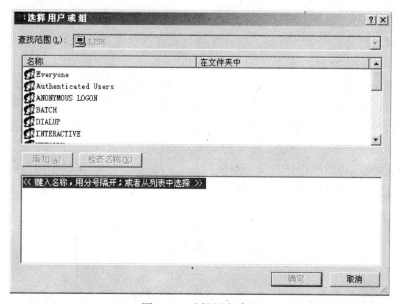

图 2-42 选择用户或组

13) 设置打印机。如果想利用这个网络来共同使用一台打印机，那又如何去做？首先安装打印机——连接好打印机线缆，接上电源，启动计算机，之后放入驱动程序光盘，根据提示进行安装即可。然后对要共享的打印机进行相应的设置。打开【控制面板】，右击【打印机】，选中【共享】，将会弹出如图 2-43 的对话框，根据提示填写信息栏。例如，输入它的共享名称和描述性备注文字，另外还可以为这台打印机设定密码来加强打印机的安全性。那么在客户端，也要进行相应的设置。打开【控制面板】，双击【打印机】（Windows XP 系统里的图标是【打印机和传真】），点击【添加打印机】图标，然后弹出【添加打印机向导】对话框，这时可以根据提示填写信息栏。成功之后，在【控制面板】的

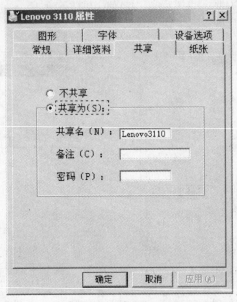

图 2-43　共享打印机属性

【打印机】目录中可以看见一个新建的打印机图标，这就说明已经在客户端添加好共享打印机了。这样，在局域网中的任何一台计算机上都能够直接发出打印文档的指令，而从网络中共享的打印机里输出文档。

14）用 ADSL 实现双机上网。现在家庭上网已经成为普遍现象，ADSL 用户更是非常之多，那么如果想双机互联，通过一根电话线可以实现共享上网吗？当然可以！而且组网共享的方式有很多种。下面我们简单的介绍一种双机组网共享方式。如图 2-44 所示，在这种组建方式中需要一个 ADSL 语音分离器/滤波器、一个 ADSL MODEM（调制解调器）、两根电话线、两根网络连接线（双绞线）、一台主机（内置双网卡）和一台共享机。主机的一张网卡用作连接 ADSL MODEM，另一张网卡连接共享机（用交叉线）。

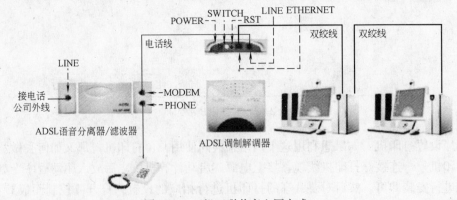

图 2-44　双机互联共享上网方式一

要想成为 ADSL 用户，我们必须到相关部门申请、交费，并且由业务员进行单机 ADSL MODEM 上网。另外，我们有了前面双机联网软件设置的基础，剩下工作也不会太困难。这里把主要操作介绍一下，与 ADSL MODEM 连接的网卡不需要设置 IP 地址，与共享机连接的网卡 IP 地址设置为 192.168.0.1 的私有地址，默认会自动生成一个 C 类地址的子网掩码，这里不需要输入默认网关和 DNS 这两个选项。共享机的 IP 地址设置为 192.168.0.2，子网掩码使用默认值，默认网关和 DNS 都需要指向主机。

这种组建方式的优点是：在设置好的前提下，打电话、上网两不误；软件的配置及硬件的连接都非常简单，因为采用一台高档的计算机来提供共享上网服务，处理器及内存都要大大超过共享上网设备，NAT（网络地址翻译）转换性能优于其他组网方式。缺点主要有：双网卡互联共享上网需要一台单一的主机提供服务，所以在另一台计算机需要上网时，这台主机必须是已经开机且能够上网，这样便会造成一些不必要的麻烦，耗电量也会有所增加。前面提到使用这种方式的 NAT 转换性能要优于共享上网设备，但是一般的家用操作系统本身对于网络的管理控制能力比较弱，共享上网设备能够提供的功能会有所欠缺。还有一点就是这种方式只适合于两台计算机组网，如果是两台以上，从成本考虑就没有意义了。

以上介绍的只是一种组网方式，有兴趣的话可以采用其他方式进行组网，例如宽带路由器组网方式、无线宽带路由器组网方式、集线器（交换机）配合代理服务器组网方式等，比较一下哪种方式更便捷、更经济。

思考题与习题

一、选择题（答案不唯一）

1. 局域网中最常用的网线是（　　　）。

A. 粗缆　　　　　　　B. 细缆　　　　　　　C. UTP　　　　　　　D. STP

2. 制作用于直接电缆连接两台计算机的电缆线时，有串口接头电缆和并口接头电缆之分，下面哪种接线方式是错误的。（　　　）

A. 9 针串口对 9 针串口　　　　　　　B. 25 针串口对 25 针串口

C. 9 针串口对 25 针串口　　　　　　　D. 25 针串口对 25 针并口

3. 使用双绞线双机互联时，所使用的双绞线是特制的跨接线，以下哪种说法是正确的。（　　　）

A. 两端都使用 T568A 标准

B. 两端都使用 T568B 标准

C. 一端使用 T568A 标准，另一端使用 T568B 标准

D. 以上说法都不对

4. 制作双绞线的 T568B 标准的线序是（　　　）。

A. 橙白、橙、绿白、绿、蓝白、蓝、棕白、棕

B. 绿白、绿、橙白、蓝、蓝白、橙、棕白、棕

C. 橙白、橙、绿白、蓝、蓝白、绿、棕白、棕

D. 以上线序都不正确

5. 目前，最流行的网卡总线类型是（　　　）。

A. ISA　　　　　　　B. PCI　　　　　　　C. USB　　　　　　　D. BNC

6. 双机网卡互联使用（　　　）作为连接线。

A. 直通线　　　　　B. 交叉线　　　　　　　C. 细同轴电缆　　　　D. 粗同轴电缆

二、是非题

1. USB 联网线和 USB 连接线都能实现两台电脑的相互连接，并组成局域网。（　　）

2. 双机并口电缆互连系统设置时，两台计算机的计算机名和工作组名必须一致。（　　）

3. 在硬件连接和系统设置都完成的前提下，双机就真正互连了——可以打开对方的文件夹和使用对方的打印机。（　　）

4. 一般使用 5 类屏蔽双绞线制作双绞线联网线。（　　）

5. USB 2.0 接口和 USB 1.1 接口的传输速率差不多，只是接口形状不一样。（　　）

6. 在计算机上安装 PCI 网卡可以不用去掉任何防尘片。（　　）

7. 双绞线每一线对都是按顺时针方向绕制。（　　）

8. 处于联网状态的两台计算机，其工作组和计算机名要一样。（　　）

三、填空题

1. 双机互连的方法有＿＿＿＿＿＿＿＿＿、＿＿＿＿＿＿＿和＿＿＿＿＿＿＿。

2. 使用双绞线作为网络连接线时，双绞线中起到信号传递作用的导线有＿＿＿根，分别是＿＿＿＿＿＿。

3. 双绞线连接网卡和集线器时，两端的水晶头中线对的分布排列采用＿＿＿＿＿的排列方式。

4. 两台计算机通过网卡连接时，两端的水晶头中线对的分布排列采用＿＿＿＿＿的排列方式。

四、简答题

1. 双绞线如何制作？以交叉线为例。

2. 常用的双机连通有哪几种连接方式？各有什么特点？

单元 3 多机局域网组建

知 识 点：对等网的基本概念、对等网的拓扑结构、集线器，C/S 网的基本概念、C/S 网的拓扑结构，无线局域网的基本概念。

教学目标：了解对等网的组建方法，掌握 C/S 网的组建方法，无线局域网的组建方法。

课题 1 对等网组建

"对等网"也称为"工作组网"，在对等网中，没有"域"，只有"工作组"，所以它并不像那些通过域来控制的专业网络（在具体的网络配置中，就没有域的配置，只需要配置工作组）。"工作组"的概念远没有"域"那么广，所以以对等网所能支持的用户也有限，一般不超过 20 台。在对等网中，各台计算机有相同的功能，无主从之分，网上任意节点计算机既可以作为网络服务器，为其他计算机提供资源；也可以作为工作站，以分享其他服务器的资源；任意一台计算机均可以同时兼作服务器和工作站，也可以只作其中之一。当然，对等网除了共享文件之外，还可以共享打印机。在对等网上，打印机可被网络中任一节点使用，就如同本地打印机一样方便。由于对等网不需要专门的服务器来做网络支持，也不需要其他组件来提高网络的性能，因而对等网络组建的价格相对要便宜得多。

1.1 对等网基本知识

1.1.1 对等网结构类型

通常，几台 PC 机、一些网线和一台打印机即可组成一个对等网，其结构既可以采用总线型拓扑结构，也可以采用星型拓扑结构。

（1）总线型对等网

总线型对等网通常采用 10Base2 结构化布线，使用细同轴电缆连接网络。无须集线器，其数据传输速率最高能达到 10Mbps。

（2）星型对等网

星型对等网通常采用 10BaseT 结构化布线，使用双绞线连接网络，整个对等网需要一台集线器或交换机作为中心节点。

1.1.2 对等网组建原则

组建对等网时，必须遵循以下原则，否则网络无法正常运行：

（1）总线型对等网的网线使用 BNC 接头的细缆，且网络终端必须安装 50Ω 终端电阻器；星型对等网的网线则使用两端带有 RJ-45 水晶头的 3 类以上的 UTP（非屏蔽双绞线），一般使用的是 5 类或超 5 类 UTP。

（2）对等网结构简单，但是从管理的角度来看，由于每台计算机都需要独立设置，在复杂的环境下安全性及效率均很差，所以对等网中数据的安全性要求不能太高。

（3）总线型对等网的细缆最长不能超过185m，星型对等网要求计算机终端到中心节点的最大距离为100m。

（4）如果使用集线器或交换机组网，那么联网的计算机数不能超过集线器或交换机的接口数。

1.1.3　对等网的特点

（1）网络用户较少，一般在20台计算机以内，适合人员少、网络应用较多的单位；

（2）网络用户都处于同一区域中；

（3）网络成本低，网络配置和维护简单；

（4）网络安全性低，网络性能低，数据保密性差，文件管理分散，计算机资源占用率大。

1.2　总线型对等网

1.2.1　硬件需求

除了需要相应的计算机外，还需要下列器件：

（1）网络接口适配器　网络中每个节点需要一块提供BNC接口的以太网卡、便携式适配器或PCMCIA卡；

（2）BNC-T型连接器　细缆以太网上的每个节点通过T形连接器与网络进行连接，它水平方向的两个插头用于连接两段主干细缆，与之垂直的插口与网络接口适配器上的BNC连接器相连，如图3-1所示；

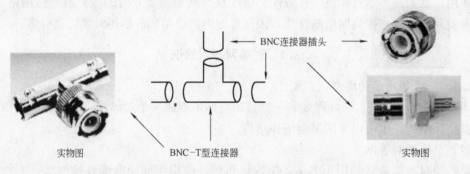

图 3-1　BNC 接头示意图

（3）细缆　使用RG-58A/U型，直径为5mm，特征阻抗为50Ω的细同轴电缆；

（4）BNC连接器插头　安装在连接细缆的两端；

（5）BNC桶形连接器　用于连接两段主干细缆；

（6）BNC终端电阻器　安装在干线段的两端，用于避免由于电子信号的反射回到总线而产生不必要的干扰，干线段电缆两端的终端电阻器必须有一个接地；

（7）中继器　对于使用细缆的网络，每个干线段的长度不能超过185m，可以用中继器连接两个干线段，以扩充主干电缆的长度。每个网络中最多可以使用4个中继器，连接5个干线段电缆；

（8）注意　最大的干线段长度为185m，最大网络干线电缆长度为925m，每条干线段支持的最大节点数为 30 个，BNC-T 型连接器之间的最小距离为 0.5m；

1.2.2　制作同轴电缆 BNC 接头

同轴电缆两端通过 BNC 连接头连接 T 型 BNC 连接器，并通过 T 型 BNC 连接器连接网卡，用同轴电缆组网需在同轴电缆两端制作 BNC 连接头。BNC 连接头有压接式、组装式和焊接式三种。下面以常见的压接式 BNC 连接头的制作为例，需要的器具是：细同轴电缆、专用卡线钳和电工刀。制作步骤如下：

（1）剥线

同轴电缆由外向内分别为保护胶皮、金属屏蔽网线（接地屏蔽线）、乳白色透明绝缘层和芯线（信号线），芯线通常是一根铜线，金属屏蔽网线是由金属线编织的金属网，内外层导线之间用乳白色透明绝缘物填充。剥线时用电工刀将同轴电缆外层保护胶皮剥去 1.5cm 左右，小心不要割伤自己和破坏金属屏蔽网，然后剥开金属屏蔽网，再将芯线外的乳白色透明绝缘层剥去 0.6cm 左右，使芯线裸露。这里切记不可割伤芯线，防止在以后的弯曲中弄断芯线，留下隐患。

（2）连接芯线

BNC 连接头是由 BNC 连接头本体、屏蔽金属套筒、芯线插针等部件组成，芯线插针用于连接同轴电缆芯线。剥好线后将芯线插入 BNC 连接头芯线插针尾部的小孔中，用专用卡线钳前部的小槽用力夹一下，使芯线压紧在小孔中。也可以使用电烙铁焊接芯线与芯线插针，为了保证焊接质量，可以事先在要焊接芯线插针尾部的小孔中放入一点助焊剂，焊接时注意焊锡不要太多，不能使焊锡流露在芯线插针的外表面，这样会导致芯线插针报废。

注意：如果你没有专用卡线钳可用电工钳代替，但操作时用力要适中：既不可用力太大，使芯线插针变形；也不可用力太小，导致以后连接时接触不良。

（3）装配 BNC 连接头

连接好芯线后，先将屏蔽金属套筒套入同轴电缆，再将芯线插针插入 BNC 连接头本体尾部的小孔中，使芯线插针从前端向外伸出，最后将金属套筒向前推进，使套筒将外层金属屏蔽线卡在 BNC 连接头本体尾部的圆柱体内。

（4）压线

保持套筒与金属屏蔽线接触良好，用卡线钳上的六边形卡口用力夹，使套筒变为六边形。重复上述方法在同轴电缆另一端制作 BNC 连接头，这样一根同轴电缆连接线就制作完成了。使用前最好用万用电表检查一下，断路和短路均会导致无法通信，还有可能损坏网卡或集线器。

注意：制作组装式 BNC 接头需使用小螺丝刀和电工钳，按前述方法剥线后，将芯线插入芯线固定孔，再用小螺丝刀拧紧小螺丝固定芯线，外层所有金属屏蔽线拧在一起，用电工钳固定在屏蔽线固定套中，最后将尾部金属拧在 BNC 接头本体上。制作焊接式 BNC 接头需使用电烙铁，按前述方法剥线后，只需用电烙铁将芯线和屏蔽线焊接 BNC 头上的焊接点上，套上塑料绝缘套即可。

1.2.3　网线的的连接

同轴电缆制作完毕，用万用表确定其连接良好、无短路和断路的前提下，才可以作为网络连接线使用。网线连接时，首先要切断计算机电源，然后插上网卡，接上 BNC 连接器，最后再用网线和 BNC-T 型连接器将所需要连接的计算机连接起来。若要将 5 台计算机和 1 台打印机用细缆按照总线型结构连接起来，就可以按图 3-2 进行连接。

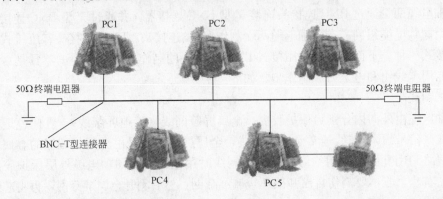

图 3-2 总线型对等网

🕮 小技巧：如何自制终端电阻器？

总线型对等网同轴电缆两端需安装 50Ω 终端电阻器，从而消除通道上的多余信号、避免干扰。自制的终端电阻器可以由一只 BNC 接头和一只 51Ω 电阻（因为常见电阻阻值规范中没有 50Ω 电阻）组成。制作时，把 51Ω 的电阻焊接在 BNC 接头的芯线和外壳之间，同时在外壳上引出一根线作为接地端，这样终端电阻器就做好了。

1.2.4 系统设置

硬件连接之后，必须对网络中的计算机进行简单的设置，才能实现资源共享和信息交流。这些设置主要包括 IP 地址的设置、子网掩码设置、计算机标志和工作组的设置等。下面以 Windows 2000 操作系统为例，介绍总线型对等网的设置。

假如有 5 台计算机和 1 台打印机需要组成总线型对等网，我们可以按照图 3-2 进行组网。待所有线缆和部件可靠连接后，启动计算机。在 Windows 2000 操作系统下，系统第一次会自动检测到新硬件，添加所需软件。5 台计算机系统设置的过程差不多，下面以某一台计算机的设置为例。

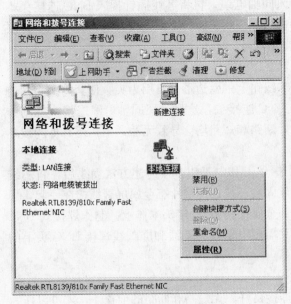

图 3-3 网络和拨号连接

1) 右击【网上邻居】图标，从弹出的快捷菜单中选择【属性】，弹出【网络和拨号连接】窗口，如图 3-3 所示。

2) 右击【本地连接】图标，从弹出的快捷菜单中选择【属性】，弹出【本地连接属性】窗口，如图 3-4 所示。

3) 双击【Internet 协议（TCP/IP）】，弹出【Internet 协议（TCP/IP）属性】窗口，如图 3-5 所示。在此窗口中设置 IP 地址（192.168.1.3）和子网

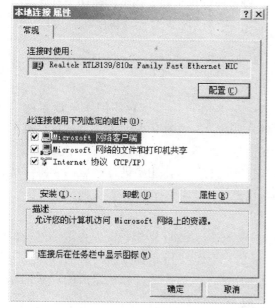

图 3-4　本地连接属性

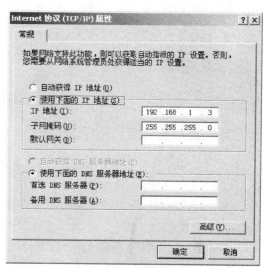

图 3-5　设置 IP 地址和子网掩码

掩码（255.255.255.0）。其实 IP 地址设置好之后，单击"子网掩码"文本框，计算机会自动输入 255.255.255.0。在这里注意每台计算机的 IP 地址不能相同，例如其他计算机的 IP 地址可以设置为 192.168.1.4～192.168.1.7，"子网掩码"文本框都使用计算机自动输入值。最后单击【确定】即可。

计算机 IP 地址和子网掩码设置完毕后，还要对计算机标志和工作组进行必要的设置。

4）右击【我的电脑】图标，从弹出的快捷菜单中选择【属性】，弹出【系统特性】窗口，单击【网络标识】，窗口如图 3-6 所示。

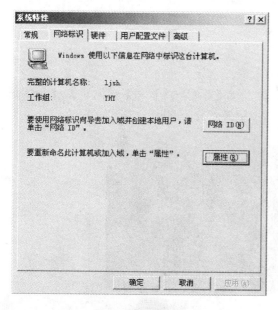

图 3-6　系统特性

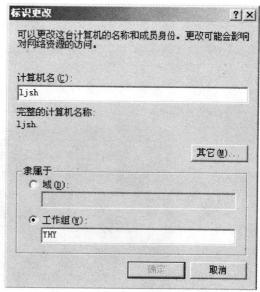

图 3-7　标志更改

5）单击【属性】，弹出【标识更改】窗口，设置计算机名和工作组。在这个对等网网络中计算机名不可一样，但工作组必须相同，如图 3-7 所示。5 台计算机的名称可以依次为 ljsh1～ljsh5，工作组都设置为 YHY。

6）单击【确定】按钮，弹出【网络标识】对话框，如图 3-8 所示，单击【确定】重新启动计算机即可。

图 3-8　网络标识

7）综上所述，总线型对等网系统设置的主要工作就是设置不同的 IP 地址和不同的计算机名称，其他参数基本相同。在这个网络中要想进行文件和打印机的共享，还要进行相应的设置，这方面可以参照第二章。

1.2.5　网络测试

网络设置完成以后，还需要检测是否连通。Windows 2000 操作系统内置多个网络测试命令，最常见的有 Ping、Ipconfig 和 Net view 等，下面以 Ping 命令做简要说明。

Ping 命令主要用来测试使用 TCP/IP 协议的网络，包括多台计算机组成的局域网以及 Internet 等。它的格式为：Ping 目的地址/参数 1/参数 2……。

小知识：什么是 Ping 命令？它有什么作用？

Ping 命令用于确定本地主机，也就是你的机器能否与另一台主机成功交换数据包，根据返回的信息你就可以判断 TCP/IP 参数。但并不是 Ping 成功就代表 TCP/IP 配置正确，有可能要执行大量的本地主机与远程主机的数据包交换，才能确信 TCP/IP 配置的正确性。

目的地址指被测计算机的 IP 地址或计算机名。

主要参数如下：

a：　　　　解析主机地址；

n count：发出的测试包的个数，默认值为 4；

l size：　发出缓冲区的大小；

t：　　　　继续执行 Ping 命令，直到按 ctrl＋C 组合键终止。

在以上的设置中，计算机名设置为 ljsh，如选择【开始】→【程序】→【附件】→【命令提示符】，就会出现如图 3-9 所示的窗口。在窗口中输入"ping ljsh"，按下回车键。

图 3-9　命令提示符对话框

如果网络接通，则显示如图 3-10 所示的信息。

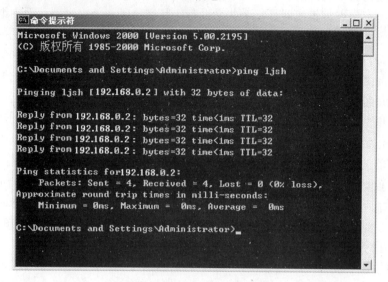

图 3-10　网络接通时显示的信息

如果没有则显示如图 3-11 所示的失败信息。

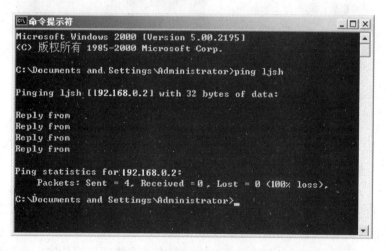

图 3-11　网络连接失败的信息

遇到这种情况，就要分析出现故障的原因，例如检查一下网卡安装是否正确、工作是否正常、网线连接是否可靠等等。

1.3　星型对等网

在按照图 3-2 进行连接总线型对等网的过程中，至少需要 5 个 BNC-T 型连接器、20 个 BNC 连接器插头。一旦 BNC 接头出现不良或短路，即将影响整个网络的正常运行，甚至影响到其他计算机的使用，采用星型结构就可以避免这个问题。

1.3.1　硬件需求

星型对等网的组网除了需要组建网络的计算机外，还需要一个集线器或交换机，双绞线，RJ-45 水晶头。

集线器就是通常所说的 HUB，英文"HUB"就是中心的意思，就像树的主干一样，它是各分支的汇集点。集线器是一个共享设备，其实质是一个中继器，而中继器的主要功能是对接收到的信号进行放大，扩大网络的传输距离。正是因为集线器只是一个信号放大和中转的设备，所以它不具备自动寻址能力，即不具备交换作用。所有传到集线器的数据均被广播到与之相连的各个端口，容易产生数据堵塞。在网络中，集线器主要用于共享网络的组建，是解决从服务器直接到桌面的最佳、最经济的方案。使用集线器组网，它处于网络的一个星型节点，对与节点相连的工作站进行集中管理，不让出问题的工作站影响到整个网络的正常运行，并且用户的加入和退出也很自由。鉴于它的作用，其选型是十分重要的。集线器按总线带宽分类有 10Mbps、100Mbps、10/100Mbps 自适应三种；按配置形式分类有独立集线器、模块化集线器和堆叠式集线器三种；按管理方式分类有智能型集线器和非智能型集线器两种；按端口数目分类有 8 口、16 口和 24 口。选择时要注意上连设备的带宽、站点数、应用类型（传输内容是纯文档还是语音、图像或视频），还有可拓展性。图 3-12 所示的是一台 8 口集线器及其接口功能的简单说明。

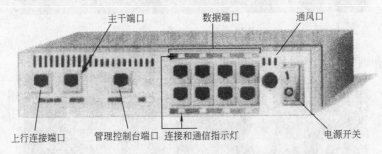

主干端口　　　　数据端口　　　通风口

上行连接端口　　管理控制台端口　连接和通信指示灯　　　电源开关

图 3-12　8 口集线器

交换机也叫交换式集线器，它通过对信息进行重新生成，并经过内部处理后，再转发至指定的端口，具备自动寻址能力和交换作用，由于交换机根据传递信息包的目的地址，将每一信息包独立地从源端口送至目的端口，避免了与其他端口发生碰撞，因此，计算机可以同时互不影响地传送这些信息包，并防止传输碰撞，提高了网络的实际吞吐量。交换机可以对数据的传输做到同步、放大和整形，同时可以过滤短帧、碎片；交换机可以隔离冲突域和有效地抑制广播风暴的产生；交换机既可以工作在半双工模式下，也可以工作在全双工模式下，同时每个端口都有一条独占的带宽。交换机按照传输介质和传输速度分类有以太网交换机、快速以太网交换机、千兆以太网交换机、FDDI（光纤分布数据接口）交换机等；交换机按照应用领域分类有企业交换机、台式交换机、工作组交换机、主干交换机、分段交换机、端口交换机和网络交换机。交换机的交换方式有三种：直通式（Cut Through）、存储转发式（Store & Forward）和碎片隔离式（Fragment Free）。选择时要注意交换机的机架插槽数、扩展槽树、最大可堆叠数、以太网端口数、支持的网络类型数、背板吞吐量（表示交换机接口处理器或接口卡和数据总线之间所能吞吐的最大数据量）、缓冲区大小、MAC 地址表的大小、支持的协议和标准等。图 3-13 所示为一台 24 口以太网交换机。

选定设备之后，就要制作连接线缆，连接的线缆使用 5 类 UTP。其制作的方法同 2.2 章节中双绞线的制作，只是双绞线的排列方式由"交叉"排列方式改为"直通"排列方

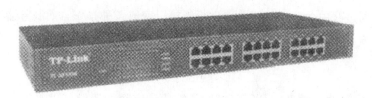

图 3-13 双速 24 口 10/100Mbps 以太网交换机

式。即两个 RJ-45 水晶头网线的分布排列是完全一致的，可以采用 T568B 标准，水晶头 1～8 号引脚的颜色排列是：橙白、橙、绿白、蓝、蓝白、绿、棕白、棕。

1.3.2　网线连接

如果 5 台计算机和 1 台打印机要组成一个简单的星型对等网，就可以按照图 3-14 进行接线。再次提醒：计算机和集线器（交换机）之间连接使用直通线。

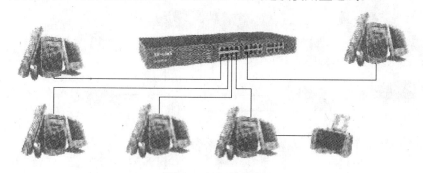

图 3-14　星型对等网

1.3.3　系统设置和检测

在 Windows 2000 操作系统中，对等网网络 IP 地址设置、子网掩码设置、计算机标识和工作组设置，及其设置完之后的网络检测，基本上与总线型对等网的设置一样。

如果要组建一个学生宿舍局域网或组建一个网吧，使用总线型结构与使用星型结构相比，毫无优势可言（只是在组建学生宿舍局域网时，增加了一点开支，但随着 HUB 的价格下降，这个缺点明显减小）。组建学生宿舍局域网时，需要计算机（带网卡）、一台 HUB（输出端口数量大于计算机数量）、足够的网络连接线及电源插座等。组建一个网吧时，要根据规模选购硬件——HUB、网卡、计算机、网线、RJ-45 水晶头、网络杂件（如起绝缘和防水作用的 PVC 管）。特别注意的是在网吧中安装通信协议与其他网络有所区别，最好是在每台计算机上同时安装 TCP/IP、TPX/SPX 和 NetBIOS 三种通信协议。

课题 2　C/S 局域网组建

C/S 局域网是指客户机/服务器局域网。相对于对等网所采用的"对等式结构"，C/S 局域网采用的是"主从式结构"。C/S 系统是计算机网络中最重要的应用技术之一，其系统结构是把一个大型的计算机应用系统变为多个能相互独立的子系统。该网络中有专门的服务器，通常使用 Windows 2000 Server 操作系统，它是整个应用系统的存储与管理中心，多台客户机各自处理相应的功能，共同实现完整的应用。用户使用应用程序时，首先启动客户机，通过有关命令通知服务器进行连接以完成各种操作，而服务器则按照此要求提供相应的服务。

2.1　C/S 局域网结构

从图 3-15 所示的一个小型 C/S 局域网的结构示意图中我们可以看出，要想组建一个 C/S 局域网必须要配置一台能够提供文件传输、网络安全与管理功能的服务器，集线器（或交换机），客户机，Internet 的接入方式，网络连接线等等。

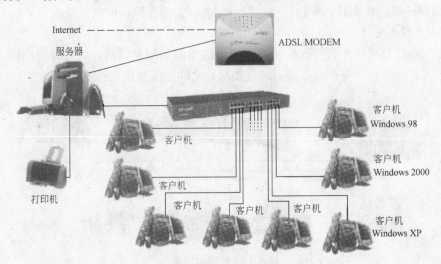

图 3-15　C/S 局域网的结构示意图

客户机通过相应的网络硬件设备与服务器相连，接受服务器的管理，可以采用 Windows 98/2000/XP 等操作系统。

2.2　设 备 选 择

目前，Internet 的接入方式有 Modem、ISDN、DDN 专线、ADSL 等多种方式。其中 Modem 接入 Internet 所需的硬件开销最小，但单独的 Modem 接入 Internet 速率最高为 56Kbps，如果多台计算机共享一个 Modem，则网速急剧下降；ISDN 是综合业务数字网，接入速率能达到 128Kbps；DDN 专线是数字数据网，基本上为银行和证券等专业用户提供的，最大速率能达到 2Mbps；ADSL 叫做非对称数字用户线路，上行速率是 640Kbps～1Mbps，下行速率是 1～8Mbps。如果需要接入 Internet，选择网卡时，可根据接入方式进行合理选择。小型的 C/S 局域网 Internet 的接入方式可以采用 ADSL，接入电路的示意图如图 3-15 所示。

服务器是整个 C/S 局域网的核心，其选择的好坏会直接影响后面客户机的使用。建议服务器的 CPU 性能配置在奔 4 及以上，内存达到 256MB 或更大，硬盘达到 10GB 或更大。

在服务器和众多客户机之间还需要一个网络设备——集线器（或交换机）。选购时要注意集线器输出端口数和集线器的速率。端口数要根据实际的计算机数量来确定（若能留有扩展的余地则更好）；集线器的速率则根据采用的网卡来确定，若采用的是 10Mbps 的网卡，就可以使用 10Mbps 速率的集线器。

客户机的选择，可根据以上网络设备的确定而逐步确定，尤其是网卡的性能选择无须太高。

网络的连接主要使用双绞线，建议使用 5 类 UTP。如果接入 Internet，可能还需要一定的电话线或光纤。

2.3 服务器及软件设置

网络中只有一台服务器时，一般要设置为域控制器。如果要使运行的服务器成为域控制器，就必须安装活动目录服务。下面就其安装的步骤进行叙述，这里主要针对的是 Windows 2000 Server 升级版操作系统。

1）单击【开始】，选中【设置】，接着单击【控制面板】，弹出【控制面板】窗口，如图 3-16 所示。

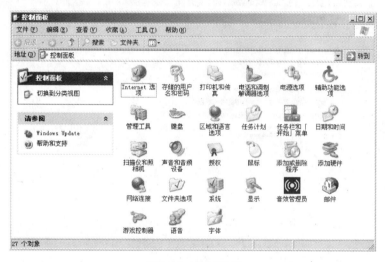

图 3-16　控制面板

2）在【控制面板】窗口中选中【管理工具】，弹出【管理工具】窗口，如图 3-17 所示。

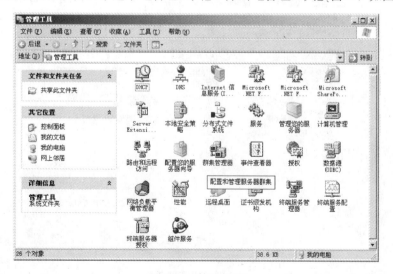

图 3-17　管理工具

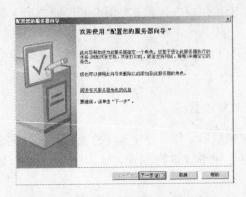

图 3-18 配置您的服务器向导的欢迎界面

3) 在【管理工具】窗口中选中【配置您的服务器向导】，弹出【配置您的服务器向导】的欢迎界面，如图 3-18 所示。

4) 单击【下一步】，弹出【配置您的服务器向导】的【预备步骤】窗口，如图 3-19 所示。

5) 单击【下一步】，弹出【配置您的服务器向导】的【服务器角色】选定对话框，选中【域控制器（Active Directory）】，如图 3-20 所示。

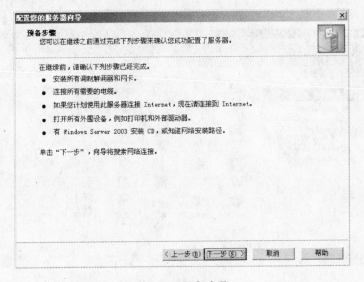

图 3-19 预备步骤

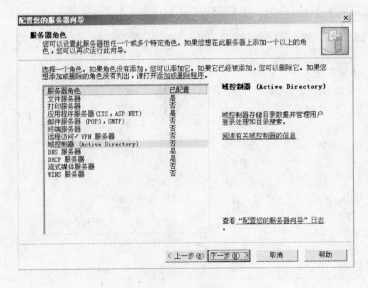

图 3-20 服务器角色

6）单击【下一步】，弹出【配置您的服务器向导】的【选择总结】窗口，如图 3-21 所示。

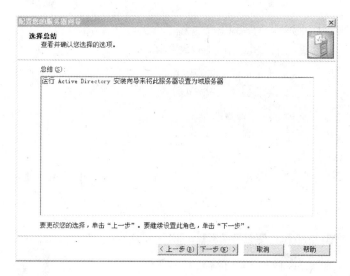

图 3-21　选择总结

7）单击【下一步】，弹出【Active Directory 安装向导】的欢迎界面，如图 3-22 所示。

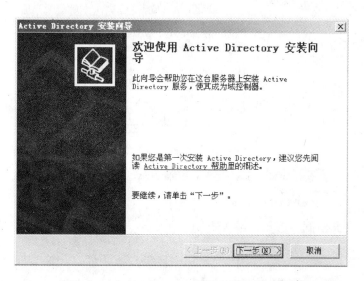

图 3-22　Active Directory 安装向导的欢迎界面

8）单击【下一步】，弹出【Active Directory 安装向导】的【操作系统兼容性】窗口，如图 3-23 所示。

9）单击【下一步】，弹出【Active Directory 安装向导】的【域控制器类型】对话框，选中【新域的域控制器】，如图 3-24 所示。

10）单击【下一步】，弹出【Active Directory 安装向导】的【创建一个新域】对话框，选中【在新林中的域】，如图 3-25 所示。

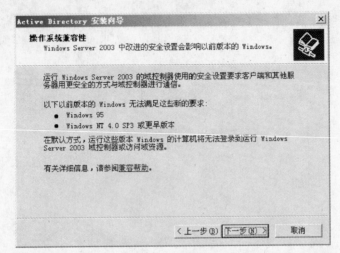

图 3-23 操作系统兼容性

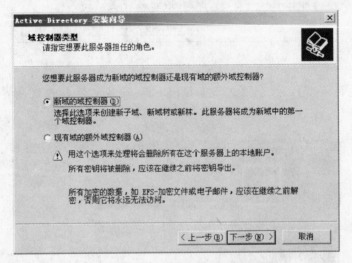

图 3-24 域控制器类型

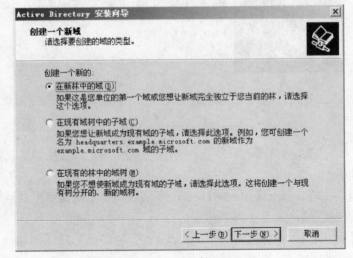

图 3-25 创建一个新域

11）单击【下一步】，弹出【Active Directory 安装向导】的【新的域名】设定窗口，新域的 DNS 名设置为 huanle.local，如图 3-26 所示。

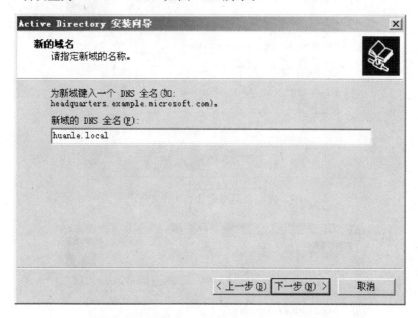

图 3-26　设置新的域名

12）单击【下一步】，弹出【Active Directory 安装向导】的【NetBIOS 域名】设定窗口，电脑自动进行设置，如图 3-27 所示。

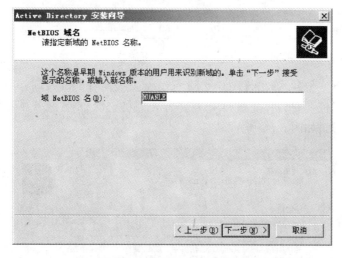

图 3-27　设置 NetBIOS 域名

13）单击【下一步】，弹出【Active Directory 安装向导】的【数据库和日志文件文件夹】设置窗口，电脑有默认值，也可人为进行设置，单击【浏览】，找到目的地址即可，如图 3-28 所示。

14）单击【下一步】，弹出【Active Directory 安装向导】的【共享的系统卷】设置窗口，电脑有默认值，也可人为进行设置，单击【浏览】，找到目的地址即可，如图 3-29 所示。

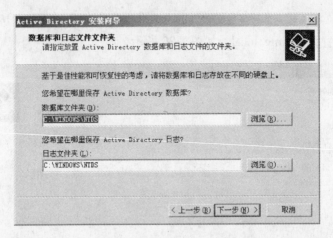

图 3-28　数据库和日志文件文件夹

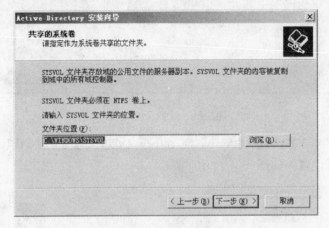

图 3-29　共享的系统卷

15）单击【下一步】，弹出【Active Directory 安装向导】的【DNS 注册诊断】窗口，选中【在这台计算机上安装并配置 DNS 服务器，并将这台 DNS 服务器设为这台计算机的首选 DNS 服务器】，如图 3-30 所示。

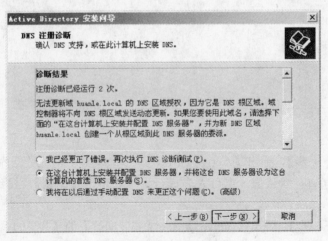

图 3-30　DNS 注册诊断

16）单击【下一步】，弹出【Active Directory 安装向导】的【权限】设置对话框，选中【与 Windows 2000 之前的服务器操作系统兼容的权限】，如图 3-31 所示。

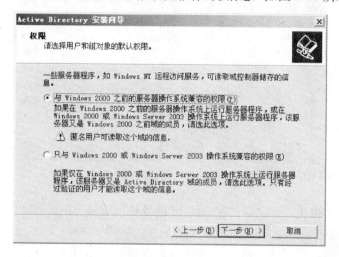

图 3-31　权限

17）单击【下一步】，弹出【Active Directory 安装向导】的【摘要】窗口，如图 3-32 所示。

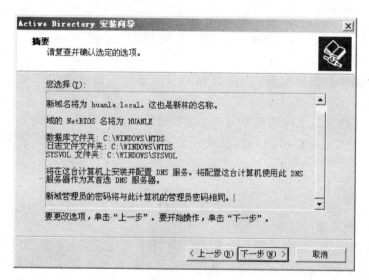

图 3-32　摘要

18）在光驱中放入 Windows 2000 Server 升级版的系统安装盘，单击【下一步】，就会出现如图 3-33 所示的等待界面，一段时间后，单击【完成】并重新启动计算机即可。

安装了活动目录服务之后，服务器的开机时间会明显变长，运行速度也变慢，所以网络服务器的硬件要求比较高。

活动目录安装好了之后，还要设置服务器的 IP 地址、子网掩码及设置 DNS 服务器地址，其方法同前面章节所述，只是在安装活动目录服务时已经将该域的 DNS 服务器和域控制器指定为同一台计算机，所以服务器和首选 DNS 服务器应输入相同的 IP 地址。如果

图 3-33　等待图标

服务器与 Internet 相连，可以申请唯一的 IP 地址进行拨号上网。

客户机要想共享服务，还要进行简单的设置，以 Windows 2000 为例。右击【网上邻居】，选择【属性】，打开【网络和拨号连接】窗口；右击【本地连接】窗口，选择【属性】，打开【本地连接属性】窗口，双击【Internet 协议（TCP/IP）】，打开【Internet 协议（TCP/IP）属性】窗口，选择【自动获得 IP 地址】和【自动获得 DNS 服务器地址】，单击【确定】即可。

课题 3　无线局域网组建

随着科学技术的快速发展，计算机网络技术已经迅速渗透和普及到社会的各个领域，并逐渐改变着人们的生活方式和生活观念。无线局域网（WLAN，Wireless Local Area Network）作为以太网领域中的一个重要分支，以其灵活时尚的魅力，正展现出勃勃生机。随着相关主流标准的完善以及安全措施的加强，无线局域网发展的前景更加广阔。

3.1　无线局域网

3.1.1　无线局域网简介

所谓无线局域网，是指采用无线通信技术代替传统电缆，并提供传统有线局域网功能的网络。在无线信号覆盖的区域内，用户只要拥有一台计算机、一块无线网卡、即可上网，避免过去必须依靠网线或电话线上网的麻烦。另外，无线局域网的数据传输速率可以达到 11Mbps，传输距离可远至数万米，它是对有线联网方式有效的补充和扩展，使网络中的各台计算机都具有可移动性，能快速方便地解决使用有线方式不易实现的网络连通问题。

目前，无线局域网的扩展方式主要有两种：一是将带有无线设备的工作站或笔记本电脑终端通过接入点（AP）连接到有线局域网；另外一种是作为多个有线网的桥梁，完成多个有线局域网间数据的传输。

3.1.2　无线局域网使用场合

无线局域网作为一种新的网络连接方式，虽然说目前还不能取代传统的网络连接方式，但是可以弥补有线局域网的缺陷。它的存在达到了延伸和扩展有线网络，实现了网络无所不在的目的。为此它主要应用于如下情况：

（1）需要移动办公的用户

例如某单位大部分员工都配备了笔记本电脑，如果使用有线局域网则限制了笔记本电脑所处的位置。而采用无线局域网的话，员工在信号所能达到的任何区域，都可以使用自己的笔记本电脑连接网络。

（2）受环境限制有线网络难以架设

相信没有任何单位会把有线网络节点遍布到操场之上、楼层顶部这些地方！但是在实际的使用之中却经常需要在这些地点连接到单位的网络。

（3）不同局域网的互联

两个有线局域网分别位于马路的两侧，若想实现互连，线路的铺设显然是非常困难的。若在两个有线局域网所处的楼寓顶端分别架设发射台，构建无线局域网，问题就会迎刃而解。

（4）传统有线局域网的备用系统

有线局域网的线路易遭人为、恶劣天气破坏，若在这之外再架设无线局域网，花费不多，实现双网办公，这样即使其中一套受损坏，另外一套可立即发挥作用。这主要应用于对网络依赖比较强的单位。

3.1.3　无线局域网的特点

1）安装简便　无线局域网的安装比网络布线的工作量要小得多，只需要安装一台或多台接入设备，即可建立覆盖整个建筑或地区的局域网络。

2）使用灵活　无线局域网建成之后，只要是在信号覆盖区域内，网络设备在任何位置都可以接入网络。

3）节约经费　在建设有线局域网时，网络规划者要考虑未来发展的需要，通常预设一些利用率很低的信息点，相对来说造成了资源浪费。而且，一旦网络的发展超出了原来的设计规划，就需要投入较多的费用进行网络改造。如果使用无线局域网，则可以避免或减少以上情况的发生，不会造成资源浪费并易于扩展。

4）易于扩展　无线局域网配置方式多种多样，能够根据实际需要灵活选择，能够胜任从几个用户的小型局域网到上千用户的大型网络，并且能够提供像"漫游（Roaming）"等有线局域网无法提供的特性。

5）传输距离远　在有线局域网中，两个站点的距离在使用铜缆时被限制在 500m 之内，即使采用单模光纤也只能达到 3000m 左右。而无线局域网中两个站点间的距离目前可达到 50km，距离数千米的建筑物中的网络可以集成为同一个局域网。

6）与传统有线局域网相比，无线局域网的不足之处主要有如下几点。

① 当前无线局域网还没有完全脱离有线局域网，是有线局域网的扩展。

② 无线局域网产品相对比较昂贵，组网成本较高。

③ 传输速度比较慢。

3.2　无线局域网的协议标准

无线接入技术区别于有线接入的特点之一是采用的协议标准不一样，目前比较流行的

标准有：IEEE 802.11 标准、蓝牙（Bluetooth）标准、Home RF（家庭网络）标准以及
IrDA 标准等等。

🎓 小知识：什么叫 IEEE？

IEEE（Institute of Electrical and Electronics Engineers）：美国电气及电子工程师学
会。它的前身是 AIEE（美国电气工程师协会）和 IRE（无线电工程师协会），成立于
1884 年，1963 年 1 月 1 日 AIEE 和 IRE 正式合并为 IEEE。

IEEE 是一个非营利性科技学会，拥有全球近 175 个国家 36 万多名会员。该组织在太
空、计算机、电信、生物医学、电力及消费性电子产品等领域中都是主要的权威。在电气
及电子工程、计算机及控制技术领域中，IEEE 发表的文献占了全球将近 30%。IEEE 每
年也会主办或协办 300 多项技术会议。

3.2.1　IEEE 802.11 标准

IEEE 802.11 是 IEEE（美国电气及电子工程师学会）最初制定的一个无线局域网标
准，主要用于解决办公室局域网和校园网中用户与用户终端的无线接入，传输速率最高只
能达到 2Mbps，主要限于数据存取。由于它在速率和传输距离上都不能满足人们的需要，
因此，IEEE 随后相继推出了 IEEE 802.11b 和 IEEE 802.11a 两个新标准，2001 年 11 月，
又推出第三个新的标准 IEEE 802.11g。

（1）IEEE 802.11b 标准

IEEE 802.11b 标准是 1999 年 9 月被正式批准的，它是在 IEEE 802.11 基础上的进一
步的扩展。IEEE 802.11b 也是所有无线局域网标准中最著名的、普及最广的标准，有时
也被错误地标为 Wi-Fi，实际上 Wi-Fi 是无线局域网联盟（WLANA）的一个商标，该商
标仅保障使用该商标的商品互相之间可以合作，与标准本身实际上没有关系。

IEEE 802.11b 标准使用开放的 2.4GHz 频段，采用直接序列扩频（DSSS）技术和补
偿编码键控（CCK）调制方式，最大数据传输速率为 11Mbps，无需直线传播，其实际的
传输速率在 5Mbps 左右，与普通的 10Base-T 规格有线局域网处于同一水平；使用动态速
率转换，当工作站之间的距离过长或干扰过大，信噪比低于某个门限值时，其传输速率可
从 11Mbps 自动降至 5.5Mbps，或者再降至直接序列扩频技术的 2Mbps 及 1Mbps 速率。
且当工作在 2Mbps 和 1Mbps 速率时可向下兼容 IEEE 802.11 标准。

IEEE 802.11b 标准的使用范围在室外为 300m，在办公环境中则最长为 100m。使用
与以太网类似的连接协议和数据包确认，来提供可靠的数据传送和网络带宽的有效使用。
IEEE 802.11b 标准运作模式基本分为两种：点对点模式和基本结构模式。

（2）IEEE 802.11a 标准

IEEE 802.11a 标准也是 IEEE 802.11 标准的补充，它采用正交频分复用（OFDM）
的独特扩频技术和 QFSK 调制方式，从而大大提高了传输速率和整体信号质量。

IEEE 802.11a 标准于 1999 年制定完成，该标准规定无线局域网工作频段在 5.15～
5.825GHz（由于 5GHz 的组件研制成功太慢，IEEE 802.11a 产品于 2001 年才开始销售，
所以比 IEEE 802.11b 的产品要晚），数据传输速率最高达到 54Mbps，传输距离控制在
10～100m 之间。

IEEE 802.11a 标准的优点主要有：由于 2.4GHz 频带已被到处使用，采用 5GHz 的

频带让它具有更少的冲突；采用 IEEE 802.11a 标准，数据传输速率优于 IEEE 802.11b 标准；802.11a 采用正交频分复用（OFDM）的独特扩频技术，可提供 25Mbps 的无线 ATM 接口、10Mbps 的以太网无线帧结构接口、TDD/TDMA 的空中接口，可以支持语音、数据、图像业务，另外，一个扇区可接入多个用户，每个用户可带多个用户终端。IEEE 802.11a 标准的缺点主要有：不兼容 IEEE 802.11b，空中接力不好，点对点连接很不经济，不适合小型设备；由于技术成本过高，缺乏价格竞争力，经济规模始终无法扩大，加上 5GHz 并非免费频段，在部分地区面临频谱管制的问题，市场销售情况一直不理想；另外，高载波频率也带来了负面效果，802.11a 几乎被限制在直线范围内使用，这导致必须使用更多的接入点；同样还意味着 IEEE 802.11a 不能传播得像 802.11b 那么远，因为高频的趋肤效应，它更容易被吸收。

（3）IEEE 802.11g 标准

IEEE 802.11g 标准是一种混合标准，于 2001 年 11 月由 IEEE 批准的，它可以视作对流行的 IEEE 802.11b 标准的升级。IEEE 802.11g 标准有两种调制方式：802.11b 中采用的 CCK 和 802.11a 中采用的 OFDM，所以，它既可以在 2.4GHz 频段提供 11Mbps 数据传输速率，也可以在 5GHz 频段提供 54Mbps 数据传输速率。

这样，IEEE 802.11g 的兼容性和高数据速率弥补了 IEEE 802.11a 标准和 IEEE 802.11b 标准各自的缺陷：一方面使得 802.11b 产品可以平稳向高数据速率升级，满足日益增加的带宽需求；另一方面使得 802.11a 实现与 802.11b 的互通，克服了 802.11a 一直难以进入市场主流的尴尬。于是，IEEE 802.11g 产品一出现就受到大家的欢迎。

3.2.2　蓝牙标准

小知识：“蓝牙”取自何处？

“蓝牙”取自 10 世纪丹麦国王哈拉尔德的别名。这位伟大的国王依靠出色的沟通能力使丹麦归于统一。因其平时喜欢吃蓝莓而“长有”一口蓝色的牙齿。科研人员使用这个名字意在形成统一的标准。

蓝牙标准（Blue tooth），也叫无线蓝牙标准，是一种新型的无线传送协议，该标准的产品标志如图 3-34 所示。该标准始创于 1998 年 5 月，爱立信、诺基亚、东芝、英特尔、IBM 五家著名大公司，联合成立蓝牙特别小组，共同制定短程无线电通信技术标准，以短距离、低成本的无线个人网络传输方式取代繁杂的电缆线，通过无线电波实现所有移动设备之间的信息传输。其中，英特尔公司负责半导体芯片和传输软件的开发，爱立信负责无线射频和移动电话软件的开发，IBM 和东芝负责笔记本电脑接口规格的开

图 3-34　蓝牙标志

发。1999 年下半年，微软、摩托罗拉、三康和朗讯四大公司也加入其中，共同组建了蓝牙技术推广委员会。

蓝牙采用 2.4GHz 免申请的公用频带，并采用跳频式展频技术（FHSS：Frequency

Hopping Spread Spectrum），跳跃的速率为每秒 1600 次；蓝牙组件设计的传输功率为 1mW（0dB）或 100mW（20dB）；蓝牙共有 79 个通道，每个通道传输速率定为 1Mbps，实际速率依传输格式不同而有所差异，有效速率最高可达 721kbps；蓝牙的传输距离在 1mW 发射功率时约为 10m，若加大功率至 100mW，则可达到 50～100m；当业务量减小或停止时，蓝牙设备可以进入低功率工作模式。

蓝牙技术实际上是一种短距离无线通信技术，利用"蓝牙"技术，能够有效地简化掌上电脑、笔记本电脑和移动电话手机等移动通信终端设备之间的通信，也能够成功地简化以上这些设备与 Internet 之间的通信，从而使这些现代通信设备与因特网之间的数据传输变得更加迅速高效，为无线通信拓宽了道路。

3.2.3 Home RF 标准

Home RF 标准是由英特尔、微软、飞利浦、摩托罗拉等公司成立的家用射频工作组于 1998 年制定的，使用开放的 2.4GHz 频段，传输速率为 2Mbps。2000 年 8 月 31 日，美国联邦通信委员会（FCC）批准了 Home RF 组织成员的要求，允许 Home RF 的传输速率在原来的 2Mbps 的基础上提高四倍，达到 8～11Mbps 传送速率，工作带宽由 1MHz 提高到 5MHz；而且和蓝牙一样，Home RF 可以实现多个（最多 5 个）设备之间的互联。

Home RF 标准的特点主要有：通过拨号、ADSL 可以上网；传输交互式话音数据采用 TDMA 技术，传输高速数据包分组采用 CSMA/CA 技术；数据压缩采用 LZRW3-A 算法；不受墙壁和楼层的影响；通过独特的网络 ID 来实现数据安全；无线电干扰影响较小；支持语音和电话业务。

3.2.4 IrDA

IrDA（Infrared Data Association）即红外线数据标准协会，成立于 1993 年。IrDA 标准是一种利用红外线为媒介的工业用无线传输标准，主要用于笔记本电脑、掌上电脑、打印机、数码照相机、公用电话、移动电话、电子书、电子钱包、玩具、手表等移动设备和产品。

IrDA 标准的优点主要有：无需专门申请特定频率的使用执照；具有移动通信设备所必需的体积小、功率低的特点；由于采用点到点的连接，数据传输所受到的干扰较少，速率可达 16Mbps。IrDA 的局限性主要有：IrDA 标准是一种视距传输技术，也就是说两个具有 IrDA 端口的设备之间如果传输数据，中间就不能有阻挡物；多个 IrDA 端口的设备之间必须彼此调整位置和角度，角度限制在 30°～120°之间；IrDA 设备中的核心部件——红外线 LED 不是一种十分耐用的器件，对于不经常使用的仪器如：扫描仪、数码相机等设备虽然游刃有余，但如果经常用装有 IrDA 端口的手机进行上网，可能就不堪重负了。

以上就是我们介绍的几种无线局域网的协议标准，大家在购买无线设备时要认清网络标准，不要一味的追求网速，性价比适中就可以了。

3.3 无线局域网的设计

无线局域网不同于传统的有线局域网，它常见的组网方式有：Ad-Hoc 模式和 Infrastructure 模式。

3.3.1 Ad-Hoc 模式

（1）Ad-Hoc 模式的网络有关概念

Ad-Hoc 模式又称为点对点模式、对称模式，该模式采用无中心结构。这种无线网络只有无线用户端，没有接入点。它也不使用接入点或其他的方式与有线网络连接。

Ad-Hoc 网络是一种特殊的多跳移动无线网络。实际组网时，通过多台装有无线网卡的台式机或笔记本电脑自成网络。实际上，该网络是由一组带有无线收发装置的移动终端（安装了无线网卡的计算机）组成的一个多跳临时性自治系统，移动终端具有路由功能，可以通过无线连接构成任意的网络拓扑，这种网络可以独立工作，也可以与 Internet 连接。在 Ad-Hoc 网络中，每个移动终端兼备路由器和主机两种功能：作为主机，终端需要运行面向用户的应用程序；作为路由器，终端需要运行相应的路由协议，根据路由策略和路由表参与分组转发和路由维护工作。在 Ad-Hoc 网络中，节点间的路由通常由多个网段（跳）组成，由于终端的无线传输范围有限，两个无法直接通信的终端节点往往要通过多个中间节点的转发来实现通信。所以，它又被称为多跳无线网、自组织网络、无固定设施的网络或对等网络。

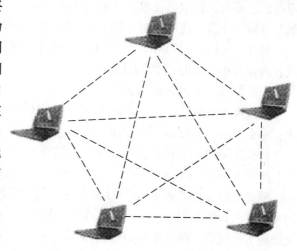

图 3-35　Ad-Hoc 模式结构示意图

Ad-Hoc 网络的组网的结构示意图如图 3-35 所示，处于这个结构中的电脑，每个都安装了无线网卡，任何两个之间都可以互联。

小知识：什么是 AP？它的作用是什么？

AP 是（Wireless）Access Point 的缩写，即（无线）访问接入点。如果无线网卡可以比作有线网络中的以太网网卡，那么 AP 就是传统有线网卡中的 HUB，也是目前组建小型无线局域网时最常用的设备。AP 的主要作用是将各个有线网和无线网连接起来，再将无线网络接入以太网。

AP 的室内覆盖范围一般是 30～100m，利用不少 AP 产品可以互联的特性，可以增加无线网络覆盖面积。当然，对于家庭、办公室这样的小范围无线局域网而言，只需一台无线 AP 即可实现所有计算机的无线接入。

（2）Ad-Hoc 模式的网络主要特性

1）无中心和自组织性：Ad-Hoc 网络中没有绝对的控制中心，所有节点的地位平等；无需人工干预和任何其他预置的网络设施，可以快速自动组网。

2）多跳路由：由于节点发射功率的限制，节点的覆盖范围有限。当它要与其覆盖范围之外的节点进行通信时，需要中间节点的转发。而且，Ad-Hoc 网络中的多跳路由是由普通节点协作完成的，而不是由专用的路由设备（如路由器）完成的。

3）动态变化的网络拓扑：在 Ad-Hoc 网络中，由于无线发送装置的类型多样化、发送功率的变化、无线信道间的互相干扰、地形和天气等综合因素的影响,移动终端间通过无线信道形成的网络拓扑随时可能发生变化,并且变化的方式和速度都难以掌控。动态变化的拓扑结构使得具有不同子网地址的移动终端可能同时处于一个 Ad-Hoc 网络中,这使得网络的可扩展性不强。

4) 受限的无线传输带宽:Ad-Hoc 网络采用无线传输技术作为底层通信手段,由于无线信道本身局限性以及竞争共享无线信道产生的冲突、信号衰减、噪音和信道之间干扰等诸多因素,移动终端得到的实际带宽远远小于理论上的最大带宽。

5) 安全性较差:Ad-Hoc 网络是一种特殊的无线移动网络,由于采用无线信道、有限电源、分布式控制等技术,它更加容易受到被动窃听、主动入侵、拒绝服务、剥夺"睡眠"等网络攻击。信道加密、抗干扰、用户认证和其他安全措施都需要特别考虑。

另外,Ad-Hoc 网络的特点还有:存在单向的无线信道、移动终端的局限性(能源受限、内存较小、CPU 性能较低)。

3.3.2　Infrastructure 模式

通过以上的叙述,我们可以知道,Ad-Hoc 模式适合于应急场合和临时快速组网使用;那么 Infrastructure 呢?下面进行简要的阐述。

（1）Infrastructure 模式的网络有关概念

所谓 Infrastructure:是指一种整合有线与无线局域网架构的应用模式。Infrastructure 模式可以分为"无线 AP+无线网卡"模式和"无线路由器+无线网卡"模式两种,结构示意图如图 3-36 所示。"无线 AP+无线网卡"模式中当网络中存在一个无线 AP 时,无线网卡的覆盖范围将变为原来的两倍,这样还可以增加无线局域网所能容纳的网络设备。无线 AP 的加入,丰富了组网的方式,但它只有单纯的无线覆盖功能。"无线路由器+无线网卡"模式在家庭无线组网领域中得到广泛运用。在这种模式下,无线路由器就相当于一个无线 AP 加路由的功能。

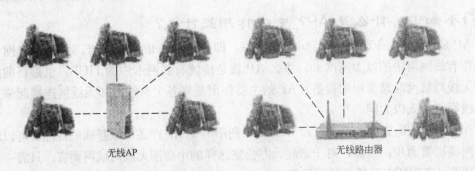

无线AP　　　　　　　　　　　　　　无线路由器

图 3-36　Infrastructure 模式的两种结构示意图

无线网络还可以做到一种"有线+无线"的宽带混合网络,结构示意图如图 3-37 所示。虽然无线网络很自由,但有时候还是会出现信号不太好的情况,此时这种模式的有线网络优势就突现出来了——从而实现进行优势互补。

小知识:AP 可以接入多少台计算机?

一个 AP 接入的计算机台数理论值为 1024 台,但实际上,如果接入的计算机太少,

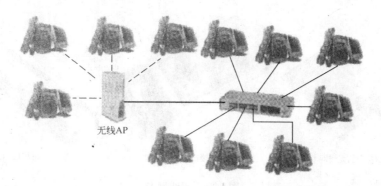

图 3-37 无线局域网与有线局域网的连接

成本就高；如果过多，就会影响传输的速度。为了让无线客户端设备本身有足够的带宽可用，一般一台支持 IEEE 802.11b 标准 AP 约支持 20~50 台左右计算机，以达到最高性价比。

小技巧：如何选择无线 AP 放置位置，才能使接受信号最佳？

第一，放置无线 AP 的位置要高，并且要置于房间的中央，使无限网络有足够的覆盖范围，以满足更多人的使用；无线 AP 覆盖的区域是个圆形，离 AP 越近，无线信号越强，抗干扰能力越强，传输速率也越高。

第二，尽量不要穿过障碍物。钢筋混凝土制作的障碍物（楼板、墙壁）会极大削弱无线信号；多层建筑和多间房屋，为了保证信号的有效覆盖，最好使用多个无线 AP。

第三，多个无线网络的覆盖范围应尽量重叠，以减少无线盲区。

（2）Infrastructure 模式的网络主要特性

1）Infrastructure 模式的基本结构类似于有线的星型对等网。在这种模式中使用的无线 AP（或无线路由器），就相当于有线网络下使用的集线器（或交换机）。

2）Infrastructure 模式中无线 AP（或无线路由器）使用的无线局域网协议标准一般是 IEEE 802.11b/g 标准。

3）连接时，在客户端（带有无线网卡的计算机），需要将无线网卡设置成 Infrastructure 模式，此时无线网卡就可以与无线 AP 通信，就好像把其直接连接到集线器上一样。

4）Infrastructure 模式的弱点是抗毁性差。有线网与无线 AP（或无线路由器）等中心站点的连接是通过双绞线连接到无线 AP（或无线路由器）的以太网口，中心站点的故障容易导致整个网络瘫痪；而且中心站点设备的加入与 Ad—Hoc 模式相比，成本相对增加了。

3.4 无线局域网的安装

3.4.1 无线网卡的分类

无线网卡根据计算机的接口的不同可以分为：PCI 接口的无线网卡、PCMCIA 接口的无线网卡和 USB 接口的无线网卡，各种无线网卡的外形如图 3-38 所示。其中，PCI 接口的无线网卡主要用于台式计算机，PCMCIA 接口的无线网卡主要用于笔记本电脑，而 USB 接口的无线网卡既可以用于台式计算机也可用于笔记本电脑。

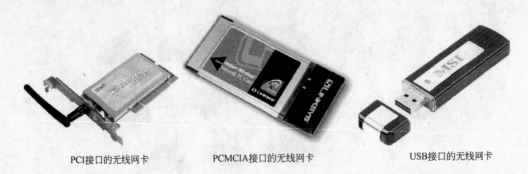

PCI接口的无线网卡　　　　PCMCIA接口的无线网卡　　　　USB接口的无线网卡

图 3-38　无线网卡

PCI 接口的无线网卡可以和台式计算机主板的 PCI 插槽连接，安装比较麻烦，但是价格最便宜；USB 接口无线网卡具有即插即用、安装方便、高速传输的特点等，只要有 USB 接口就可以安装使用，只是该网卡的价格相对高一些。

无线网卡的选择主要考虑其性价比，应从以下几个指标入手。

（1）网卡的传输速率

无线网卡的传输速率越高，价格越贵。普通家庭选择 11Mbps 传输速率的无线网卡就可以了，专业用户则需要使用 54Mbps 的无线网卡。

（2）兼容性

现在的 IEEE 802.11 标准的无线网卡系列中，主要有 IEEE 802.11g 标准和 IEEE 802.11b 标准，它们完全兼容；而另一标准 IEEE 802.11a，则与上述两个标准不兼容。选择多个无线网卡的时候，必须选择支持同一标准或相互兼容的产品，家庭使用建议采用 IEEE 802.11b 标准。

（3）传输距离

传输距离是衡量其灵活性的重要指标，目前无线网卡室内传输距离在 30～100m 之间，室外则可以达到 100～300m，低于这个指标的无线网卡最好不要考虑。

最后，无线网卡的认证标准、安全性以及价格品牌也是应当考虑的。

3.4.2　无线路由器的选择

在局域网中，如果采用 Infrastructure 模式的组网方式，其中心设备要么选择无线

图 3-39　无线路由器

AP、要么选择无线路由器。无线 AP 主要用于实现无线网络和有线网络的连接，然后进行无线信号的发送和放大；而无线路由器除了具备无线 AP 的所有功能之外，还具备路由功能，通过路由器自带的拨号功能可以自动拨号并连接 Internet。鉴于以上优点，选择无线路由器应是上策。那么选购无线路由器时还应注意其几个参数：

（1）端口的数目及速率

目前，市场上很多无线路由器产品都

内置交换机，一般情况下应包括 1 个 WAN 端口和 4 个 LAN 端口，其外形如图 3-39 所示。其中 WAN 端口用于和宽带网络进行连接，而 LAN 端口用于和局域网内的网络设备或计算机进行连接。在端口的传输速率方面，一般应该为 10/100Mbps 自适应 RJ-45 端口，每一端口都应该具有 MDI/MDIX 自动跳线功能。

（2）网络标准

无线路由器一般都支持 IEEE 802.11g 标准和 IEEE 802.11b 标准，理论上分别可以实现 11Mbps 和 54Mbps 的无线网络传输速率。另外，无线路由器的传输速率越高，其价格也相应较高。

（3）网络接入

对于普通的家庭用户而言，常见的 Internet 宽带接入方式主要有 ADSL、Modem、小区宽带等，所以选购无线路由器产品时要注意所支持的网络接入方式。

另外，选购时还要注意无线路由器的管理功能、无线传输的距离、有无内置防火墙等等。

3.4.3　无线天线

无线网络设备的传输距离是有限的，若要增强信号强度和扩大传输距离，就要使用无线天线。无线天线主要有两种：定向天线和全向天线。定向天线的方向性很强，可以将信号集中发至一个方向或从一个方向接受；全向天线能够全方位发送或接受无线信号，尽管可以覆盖极其广泛的区域，但每个方向的信号都比较弱。所以通常情况下，无线 AP 和无线路由器应当选择全向天线，而无线网卡则可采用定向天线。

3.4.4　安装

首先是网卡的安装，PCI 无线网卡的安装比较费事，要打开机箱，将 PCI 转接卡垂直插入 PCI 插槽并固定，然后再将 PCMCIA 无线网卡插入固定好的 PCI 转接卡上；笔记本电脑有专门的 PCMCIA 卡槽，把 PCMCIA 无线网卡水平插入即可；只要计算机有空闲的 USB 接口，用一根 USB 无线网卡连接线连接空闲的 USB 接口和无线网卡即可。

其次是软件安装，Windows 2000 操作系统中没有提供对无线网络的支持，因此必须借助于无线网卡厂商提供的无线网络客户软件才能实现对无线网络的管理和配置，具体的情况应作具体处理。每台计算机的 IP 地址和工作组名是需要设置的，这些设置的方法同以上的叙述。

思考题与习题

一、选择题（答案不唯一）

1. 在笔记本电脑上可以使用的无线网卡有（　　）。
   A. PCI 无线网卡　　　　　　　　　　B. USB 无线网卡
   C. PCMCIA 无线网卡　　　　　　　　D. CF Ⅱ 无线网卡

2. 在台式电脑上可以使用的无线网卡有（　　）。
   A. PCI 无线网卡　　　　　　　　　　B. USB 无线网卡
   C. PCMCIA 无线网卡　　　　　　　　D. CF Ⅱ 无线网卡

3. 目前，我们网民使用最多的接入 Internet 的方式为（　　）。

A. ADSL　　　　　　B. ISDN　　　　　　C. Cable Modem　　　　　D. 小区宽带

4. ADSL 的全称是（　　　）

A. 甚高速数字用户环路　　　　　　　　　B. 非对称数字用户环路

C. 综合业务数字网　　　　　　　　　　　D. 数字用户环路

5. 下列哪个网络拓扑结构有一个中央设备（　　　）。

A. 星型　　　　　　B. 总线型　　　　　　C. 环型　　　　　　D. 树型

6. 节点也称网络单元，在计算机网络环境中，（　　　）不能称其为节点。

A. 服务器　　　　　B. 集线器　　　　　　C. 双绞线　　　　　D. 交换机

7. 关于集线器的叙述，（　　　）是错误的。

A. 集线器是组建总线型和星型局域网不可缺少的基本硬件设备

B. 集线器是一种集中管理网络的共享设备

C. 集线器能够将网络设备连接在一起

D. 集线器具有扩大网络范围的作用

8. 组建网吧时，通常采用（　　　）网络拓扑结构。

A. 总线型　　　　　B. 星型　　　　　　C. 树型　　　　　　D. 环型

9. 选择网络服务器时首先应该考虑（　　　）的性能。

A. 中央处理器　　　B. 内存　　　　　　C. 硬盘　　　　　　D. 显示器

10. 进行网络设计时，首先要确定（　　　）。

A. 周围环境　　　　B. 资金投入　　　　C. 布线方式　　　　D. 网络结构

11. 下列关于对等网的叙述，不正确的是（　　　）。

A. 对等网中的计算机都处于平等地位

B. 只有使用 TCP/IP 协议，对等网才能通信

C. 在对等网中，每台计算机具有唯一的 IP 地址和计算机名称

D. 对等网中的计算机可以属于不同的工作组

12. C/S 局域网的网络结构一般是（　　　）。

A. 对等式　　　　　B. 星型　　　　　　C. 总线型　　　　　D. 主从式

二、是非题

1. 集线器的作用和中继器是一样的。（　　　）

2. 一般来说，相同速率的网卡，全双工的通信速率是半双工网卡的双倍。（　　　）

3. 10BaseT 结构化布线采用细同轴电缆。（　　　）

4. 实际使用时，为了降低成本，一台无线 AP 要接 1024 台计算机。（　　　）

5. 集线器和交换机的功能是一样的，所以使用集线器的地方都可以用交换机来代替。
（　　　）

6. 交换机和计算机之间的连接可以使用交叉线。（　　　）

7. 无线 AP 和无线路由器的功能差不多，所以使用无线 AP 的地方都可以用无线路由器来代替。（　　　）

8. 通常情况下，无线 AP 应当选择全向天线，而无线网卡则可采用定向天线。（　　　）

三、填空题

1. 无线网卡主要有 3 种类型，分别是＿＿＿＿＿＿＿＿无线网卡、＿＿＿＿＿＿＿＿无

线网卡和_____无线网卡。笔记本电脑能够使用的无线网卡有_____无线网卡和_____无线网卡。

2. IEEE 802.11 的运作模式主要有_____和_____两种。

3. 对等网通常采用_____和_____拓扑结构。

4. 局域网中常用的通信协议主要有_____、_____和_____。

5. UTP 指_____。

6. 10Base2 结构化布线系统连接线采用_____，10BaseT 结构化布线系统连接线采用_____。

7. 总线型对等网最大的干线段长度为_____，最大网络干线电缆长度为_____，每条干线段支持的最大节点数为_____，BNC-T 型连接器之间的最小距离为_____。

8. 总线型对等网系统设置的主要工作就是设置_____和_____，其他参数基本相同。

四、简答题

1. 简述总线型对等网与星型对等网的区别。

2. 简述 WLAN 的优、缺点。

3. 试说出 IEEE 802.11 系列标准的特点。

4. 试画出 6 台计算机和 1 台打印机按照总线型对等网布线结构组网的示意图。

单元 4 多媒体机房的组建与应用

知 识 点：多媒体机房科学规划、建设、组网及机房的科学管理和使用。

教学目标：多媒体机房规划、建设涉及建筑学、装饰装修、电工学、计算机技术、网络技术、网络管理技术等多种学科。

课题 1 多媒体机房的组建

在机房组建之前，必然要进行机房选址、规划。机房安全是合理地进行机房选址、规划的最终的目的。机房安全涉及的范围是很广泛的，本节从计算机机房的场地环境、建筑设计安全、接地系统安全、安防系统、信息安全、人员安全等方面入手进行了探讨机房选址和规划问题。

🎓 **小知识：机房安全包括哪些方面呢？**

机房安全包括机房场地安全（环境安全）、建筑设计安全、用电安全、接地安全、安防系统、信息安全、应急计划等几个方面。

1.1 机房安全与机房规划

1.1.1 机房安全

机房安全的具体要求内容如表 4-1 所示。

机房安全要求　　　　　　　　　　　　　　　　　　　　　　　　表 4-1

机房安全	摘　要	要　点
场地安全 （环境安全）	机房外部环境安全	①地质的可靠性，即避免在地质灾害严重的地方建设机房，如洪水、泥石流、雪崩、矿区的采伐区等建立机房。 ②自然环境的安全性，应避开电磁场、电力噪声、腐蚀性气体或易燃易爆物、湿气、灰尘油烟等其他有害环境。 ③交通通信电力的方便性，即考虑机房所建的位置应该在交通、通信上的方便，有利于机房的维护和机房管理、机房工作人员的工作、学习、生活。 ④自然抗干扰性即防止外界电磁场及强烈振动、噪声对机房的干扰。如高压线路、铁道、发射台、机场等对机房影响的地方。 ⑤雨水排水方便。 机房场地（环境）要求指标（见说明）
	机房内部场地安全	①内部场地安全包括机房的位置、楼层高度、楼板载荷、水电、机房面积、楼层门窗及楼梯物理安全及机房附属设施安全等。 ②机房应避免放置于地下室或潮湿地点，同时禁止设置在设备进出口过小、搬运不便之地，应保留或设计足够大型设备出入口。同时也应注意将来设备扩充空间位置、电力系统、空调设备计算上也要预留未来若干年内扩充需求

机房安全	摘　要	要　点
建筑设计安全	包括机房建筑结构、层高、面积、门窗设计等	①机房建筑结构地板应该达到国家 A 级标准即地板载荷至少达到 500kg/m²。 ②机房的门窗既要密封又注意防盗、防火防水。 ③机房办公室、机房配电室等辅助房间要尽量与机房要分开
用电安全	输电线路和周围环境的电气噪声	电气噪声一般有两种类型：一种是电磁干扰，它是输电线路中产生的，可以由电源线路本身产生；另一种是射频干扰，它是由电气设备中的元、器件产生的
	电压波动	电压波动是一种常见现象，它可分为两种情况：一种是电压高于或低于正常值；第二种是电压间断地或持续地保持较高或较低的数值
	断电	如果电流中断就产生了断电，瞬间断电称为瞬时停电，长时间的断电称为停电
接地系统	交流工作接地	利用大地作为工作回路的一条导线
	计算机系统的弱电接地	计算机以及一切微电子设备，大部分采用 CMOS 集成电路，工作于较低的直流电压下，为使同一系统的电脑、微电子设备的工作电路具有同一一"电位"参考点，将所有设备的"零"电位点接于同一接地装置，它可以稳定电路的电位，防止外来的干扰，这称为直流工作接地
	保护接地	利用大地建立统一的参考电位或起屏蔽作用，以使电路工作稳定、质量良好，特别是保证设备和工作人员的安全
	防雷保护接地	为使雷电浪涌电流泄入大地，使被保护物免遭直击雷或感应雷等浪涌过电压、过电流的危害，所有建筑物、电气设备、线路、网络等不带电金属部分、金属护套、避雷器以及一切水、气管道等均应与防雷接地装置作金属性连接
安防系统	火灾报警系统	可以与整幢楼房一起安装具有灵敏的声光电传感设备，能 24h 监控机房的用电、火安全
	火灾消防设施	包括配备灭火器，消防栓，紧急出口等
信息安全		①信息设备安全 ②数据安全 ③磁光电介质安全 ④网络安全 ⑤软件安全
应急计划		①水火雷电等不可抗力紧救措施 ②紧急情况的人员、财产撤离计划 ③数据备份及恢复计划

说明：机房场地（环境）要求摘要

空气含尘浓度：≥0.5μm 尘粒数≤18000 粒/每升空气

无线电干扰场强：≤126dB，（0.15～10000MHz）

磁场干扰环境场强：≤800A/m

机房温度：23℃±2℃；18～28℃

机房湿度：40%～70%；20%～80%

照明：

① 主机房的平均照度：300～500lx

② 辅助房间的平均照度：150～200lx

③ 应急照明：主机房 5lx，主要通道 1lx

④ 计算机直流、交流电：≤1Ω

⑤ 直流电、交流电的电位差：≤1V

⑥ 静电电压：≤1000V

⑦ 噪声：≤68dB

1.1.2 机房规划

🎓 小知识：具体在机房选址要注意哪些方面呢？

1. 机房安全的要求。根据机房安全的各种因素，尽量选择远离地质灾害，无噪声、化学气体、机场铁道等强烈振动地段。

2. 机房扩展性的要求。包括对面积、楼层位置、楼层净高、地面载荷等方面的要求。还要考虑未来扩容时的 IT 设备及机房设备的面积需求。机房的选址楼层多选在距离楼顶并在楼顶或设备层中预留足够的空间，以备未来机房扩容，同时考虑未来的设备重量与机房地板承重。

3. 辅助房间一般在外，机房在内。

4. 楼层尽量选择二楼以上，易于安装安防系统，楼层高度处在 4.3～4.5m 为佳。机房面积平均每台机器 4m^2 以上。

（1）机房规划设计

机房规划设计主要是指机房里的计算机设备、服务器、网络设备等设备如何放置，及如何综合布线。机房布局要讲究先进性、标准性、可靠性、科学性、实用性等原则。特别是电源的布线、网络布线及相关辅助设施综合布线设计。

一般将机房分成如下功能区间：

1）主机区：该区系各种业务数据交换处理运行区域，是本计算机网络系统的心脏部分，其环境要求较高，是管理人员及操作人员对计算机网络系统进行操作、管理、监控的区域。

2）工作区：该区系所有工作人员工作区域，用于对机房日常管理，记录机房运行日志，值班及休息的区域。

某机房规划布局如图 4-1 所示。

（2）机房装修

机房装修是按照机房规划设计进行强电、弱电综合布线、计算机设备及相关设备进行固定安装。机房装修要充分按照机房规划将机房的各个要素进行安装和调试，满足机房的安全需求。针对机房，首要的是有利于设备安全运行，在此基础上，兼顾美观、豪华。主要有以下几个方面：

1）机房的平面布局

如图 4-1 所示。

2）机房结构装饰装修

在以人为本的基础上，充分考虑人与环境、人与机、机与环境的亲和性、协调性。

① 在机房装饰设计中，应遵循简洁、明快、大方的宗旨，强调规范性、标准性、实

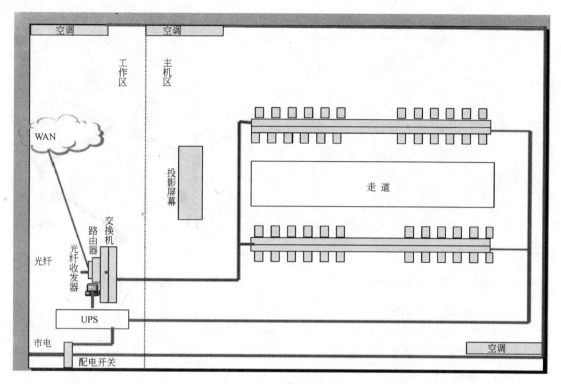

图 4-1　机房规划布局

用性。

②　在机房装饰设计中，应强调现代机房的整体效果，避免大面积的平淡感，采用条块元素构筑的吊顶和板块元素构筑的地面，互相呼应，展现机房的立体效果。

③　在机房装饰设计中，讲究绿色环保设计，注意色彩的搭配和组合。室内色调应淡雅柔和，有效地调节人的情绪，起到健康和装饰的双重功效。全面改善机房庄重、严肃的紧张气氛，消除工作人员在机房内沉闷、单调、烦躁的心态，让人在机房里就能感受到大自然的清新，工作人员进入机房后心情会趋于平静，有利于尽快投入工作和长期工作。

④　机房装饰用材应选用气密性好、不起尘、易清洁、变形小，具有防火、防潮性能；宜选用亚光材料，避免产生各种干扰光线（反射光、弦光等）。

在机房结构装饰装修的过程中，最重要的是顶棚和地板的选材。

①　顶棚和吊顶尽量不用木板等木头，可以选用金属代替。

装饰材料选择以金属材料及难燃材料为主，以满足机房区域内防静电、防辐射、防尘、防水、防雷、防火、防潮、防震和防噪声的要求为原则。

②　机房区选用全钢防静电活动地板，活动地板规格：600mm×600mm。

防静电活动地板具有大载重能力、不易变形、防静电、所有支架均由优质钢材制成、保证地台结构稳固、耐火等特点。

防静电活动地板等如图 4-2、图 4-3 所示。

3）机房供配电系统

计算机机房供电，必须从大楼配电房引专用线至电源室，并保证供电质量。国家标准A级计算机机房供电质量要求：

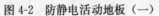
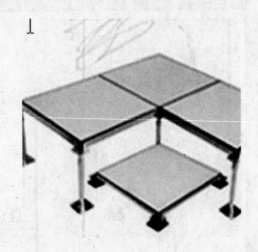

图 4-2　防静电活动地板（一）　　　　图 4-3　防静电活动地板（二）

① 电压波动小于 5%。

② 频率波动小于 ±0.2Hz/t。

③ 电网波形失真率小于 5%。

④ 三相电压不平衡度小于 0.5%。

4）机房照明及应急照明系统

① 灯具的选用：机房区照明灯具采用 3×40W 和 3×20W 电子镇流荧光格栅灯具，采用 PHILPS 荧光灯管。电子镇流器，具有屏蔽效果，可防止产生的谐波干扰计算机的正常运行。

② 灯具的安装：将灯具吊挂在楼顶板下，其底平面与吊顶面共面。

③ 应急照明布置于正常照明灯具之中，由 UPS 电源供电，可维持机房区的正常工作。灯具布置见照明平面图。

④ 在机房主入口方位设计安全标志灯。

5）机房空调系统

为了保证计算机房设备系统能够连续、可靠、稳定的运行，需要排出其设备和其他热源所散发的热量，维持机房内恒温恒湿状态，并控制机房空气的含尘量，为此，机房内应有恒温、恒湿和新鲜净化的空气。故在本项目中，1 台精密空调，保证机房区域环境条件的要求。

6）机房新风系统

机房设备运行时，由于设备及操作人员产生的各种气体无法及时与外界空气交换，致使空气质量下降，操作人员为此感到不舒服，这就要求考虑新风的供给问题。为使机房空气总处于正压，新风必须经过加压后送入机房，同时为了避免室外的热负荷及不洁净的空气进入，对机房的恒温恒湿环境造成影响，这就要求新风机具有处理空气的能力，有制冷和滤尘的功能。同时，新风机应设有与消防系统联动的装置，发生火灾时自动关闭新风机和风机隔离阀，防止火灾扩大。该新风配合进风管上安装的粗、精两级过滤，对室外空气净化、预冷等处理后，经安装于精密空调机房的新风机排风口进入精密空调顶部的回风口，再经空调恒温恒湿处理后送入机房。

7）机房防雷系统

机房在设计过程中，一定要注意防雷。一般可以从三方面入手：一是机房所在大楼做建筑物防雷；二是整栋大楼总电源和机房电源处作二级防雷；三是网络设备和网线防雷。

1.2　多媒体机房硬件的组装

1.2.1　机房电源安装及电源线布局

（1）UPS 的安装

机房的电源应该能够有可靠的供电系统，尽量使用 UPS 系统，满足以下机房供电指标：

1）供电电源技术指标：电子计算机场地通用规范 GB 2887—2000；

2）专用可靠的供电线路，7×24h 供应，容量具有一定余量；

3）主设备用铜芯电缆供电；

4）AC：50Hz、380V/220V 和 DC-48V；

5）UPS 电源或双路供电或应急油机机组。

某机房的接入的市电与 UPS 连接如图 4-4 所示（其中单路输入为市电，负载为机房计算机等设备）。

（2）机房电源线安装

电源线的布设方法是：分组点接。使用标准电源护套线，每隔 1.5m 左右接入一只 20A 三芯国标插座（即墙上嵌入的独立插座）作为一个点，再将上述多孔插座接入这个点。每排用 5～10 只这样的三芯插座即可。

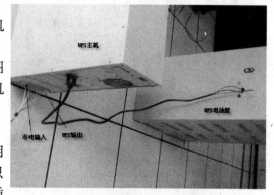

图 4-4　机房 UPS 的安装

在施工时，注意主设备电源与辅助电源安装分开原则：

1）计算机、网络、通信设备。

2）照明、办公设备。

3）两类电源线不得平行走线；交叉时应垂直交叉。

1.2.2　机房电脑工作台安装

机房电脑工作台的安装，按照工作组装示意图，用组装工具将各部分连接起来即可。此处不多详述。

1.2.3　计算机硬件组装连接

在机房建设过程中，计算机硬件组装只是其中的一个部分。电脑的组装这里不详细介绍了。只选取组装工具及部分图片，如图 4-5～图 4-10 所示。

1.2.4　机房其他辅助设施安装

机房其他辅助设施主要指机柜、空调、电视、投影、高亮度书写式投影，LD、CD、VCD 三用影碟机，功放、音箱等设备，此处不一一介绍。

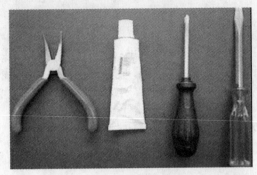

图 4-5　组装工具

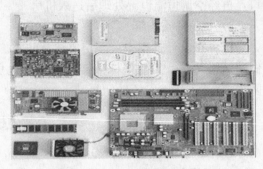

图 4-6　主机内部件

图 4-7　安装电源

CPU安装过程

1.将拉杆从插槽上拉起,与
插槽成90°角。

2.寻找CPU上的圆点/切边,
此圆点/切边应指向拉杆的
旋轴,只有方向正确,
CPU才能插入。

3.将CPU插入稳固后,压下
拉杆完成安装。

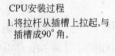
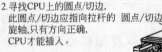
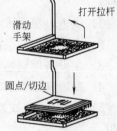

图 4-8　安装 CPU

图 4-9　安装 CPU

图 4-10　安装显卡

1.3　多媒体机房组网

1.3.1　机房组网拓扑结构与规划

机房的组网拓扑结构与规划如图所示,如果采用代理服务器上网,即如图 4-11 (a) 组网,可以将代理服务器设置成代理服务器、打印服务器、文件共享服务器等其他应用的服务器。

如果按图 4-11 (b) 进行建设网络机房,即可以用一台路由器代替代理服务器,只是满足机房上网,可以省去部分资金。但是只能在某一台学生用 Client 上实现打印共享,文件共享及其他应用。

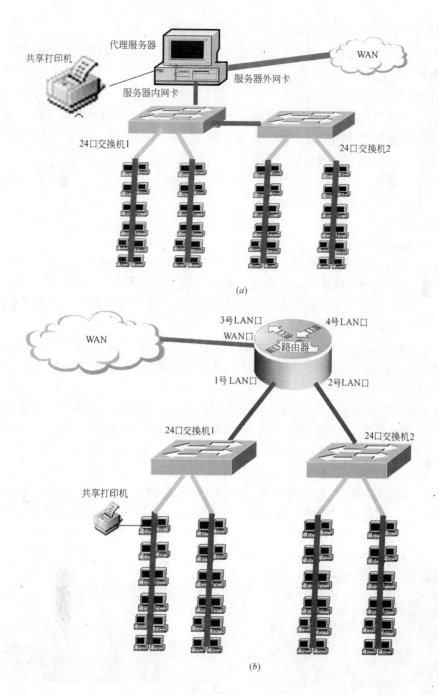

图 4-11　机房拓扑结构图

1.3.2　机房综合布线

机房布线是机房建设的重要组成部分，关系到机房正常运转。机房采取综合布线系统。

综合布线系统（PDS，Premises Distribution System）是针对计算机与通信的配线系统而设计的，这也就表明它可满足各种不同的计算机与通信的要求。

小知识：机房布线时应该注意些什么？

机房的布线系统直接影响到未来机房的功能，一般布线系统要求布防距离尽量短而整齐，排列有序。

具体布线的内容有：强电电源布线、弱电布线和接地布线，其中电源布线和弱电布线均放在金属布线槽内，具体的金属布线槽尺寸可根据线量的多少并考虑一定的发展余地。电源线槽和弱电线槽之间的距离应保持至少 5cm 以上，互相之间不能穿越，以防相互之间的电磁干扰。

此外要注意走线口、开启式插座、普通弹起式地插座等强电、弱电等信息点的规划与安装，方便未来各种设备用电、通信。

下面将具体说明：

1) 强电布线：在新机房装修进行电源布线时，应根据整个机房的布局和 UPS 的容量来安排，在规划中的每个机柜和设备附近，安排相应的电源插座，插座的容量应根据接入设备的功率来定，并留有一定的冗余，一般为 10A 或 15A。电源的线径应根据电源插座的容量并留有一定的容量来选购。

2) 弱电布线：弱电布线中主要包括同轴细缆、五类网线和电话线等，布线时应注意在每个机柜、设备后面都有相应的线缆，并应考虑以后的发展需要，各种线缆应分门别类用扎带捆扎好。

3) 接地防雷等布线：新机房内都是高性能的计算机和网络通信设备，故对接地有着严格的要求，接地也是消除公共阻抗，防止电容耦合干扰，保护设备和人员的安全，保证计算机系统稳定可靠运行的重要措施。在机房地板下应布置信号接地用的铜排，以供机房内各种接地需要，铜排再以专线方式接入该处的弱电信号接地系统。接地系统如图 4-12 所示。

袭击机房雷电分为直击雷和感应雷。对直击雷的防护主要由建筑物所装的避雷针完成；机房的防雷（包括机房电源系统和弱电信息系统防雷）工作主要是防感应雷引起的雷电浪涌和其他原因引起的过电压。机房防雷产品可选用如图 4-13 所示防雷模块。

图 4-12　接地系统

图 4-13　防雷模块

1.3.3　网络设备连接

1) 从校园网（这里相对于机房局域网来说相当于 WAN 或 ISP）到机房网络传输介质为光纤，到机房后，经过光纤收发器（如图 4-14 所示）。光模块为放置在机房端接入校园网（WAN 或 ISP）的 TP-LINK 光纤收发器，由 2 根橙色光纤跳线接入至 TP-LINK 光纤 SC 连接器，经过 TP-LINK 光纤收发器后通过 1 个 RJ-45 连接器转化成电信号用双绞

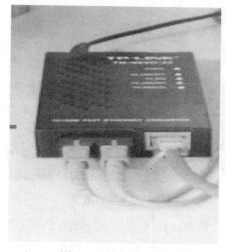

高速宽带路由器 TL-R470

图 4-14　光纤收发器　　　　　　　　　　图 4-15　高速宽带路由器

线进入机房网络设备。

2）从光纤收发器出口的双绞线接入路由器 WAN 口。高速宽带路由器如图 4-15 所示，如果是代理服务器则应该有两块网卡，可以接其中任意一块网卡（NIC1，接入 WAN 或 ISP），另外一块网卡（NIC2，接入机房 LAN）为出口。

3）用做了 RJ-45 接头的双绞线从路由器的几个（此处 TP-LINK　4 个）LAN 口中任意一个作为出口。如果是代理服务器直接接入代理服务器的剩余的另一个网卡即可（如图 4-16 所示）。

4）从路由器或代理服务器出口网卡（NIC2）双绞线另外一端接入交换机的 24 口 TP-LINKTL-SL1226 的 UP-LINK 口或任意 10M/100M 自适应接口，其他型号交换机如图 4-17 所示。

图 4-16　TP-LINK 以太网交换机

图 4-17　其他型号以太网交换机

5）从 TP-LINKTL-SL1226 交换机的 24 个 10M/100M 自适应口分别接入机房的 24 台学生 Client 工作站对就的配线架上。其余的学生 Client 工作站接入另外一台 TP-LINKTL-SL1226 交换机接口对就的配线架。配线架如图 4-18 所示。

6）机房装修完成，相关设备组装完成，机房整体效果如图 4-19 所示。

1.3.4　机房计算机网络设置

1）启动 windows 系统到桌面，用右键单击【网上邻居】，在弹出菜单选择【属性】，

图 4-18　配线架　　　　　　　　　　图 4-19　机房整体效果

在弹出的【网络和拨号连接】窗口中，用右键单击【本地连接】，如图 4-20 所示。

2）在弹出【本地连接属性】选项卡的【常规】选项中，选择【Internet 协议（TCP/IP)】，然后单击【属性】按钮，如图 4-21 所示。

3）在【Internet 协议（TCP/IP）属性】中设置【IP 地址】【子网掩码】【默认网关】

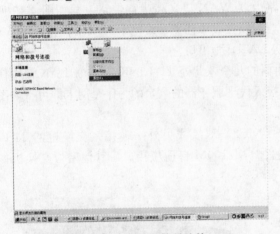

图 4-20　网络和拨号连接

图 4-21　本地连接属性

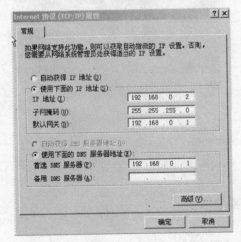

图 4-22　Internet 协议（TCP/IP）属性

图 4-23　运行 ping 命令

【首选 DNS 服务器】分别设置为 192.168.0.2，255.255.255.255.0，192.168.0.1，192.168.0.1，然后单击【确定】按钮，如图 4-22 所示。

4）设置完一台学生机器后，测试网络通否，可以单击【开始】→【运行】在框中运行【ping192.168.0.1 —t】，如图 4-23 所示。

5）若出现如图 4-24 所示，表示学生机（客户机）到代理服务器（服务器内网网段 192.168.0.0）网络已经通了。

小结：计算机房建设工程不仅仅是一个装饰工程，更重要的是一个集电工学、电子学、建筑装饰学、美学、暖通净化专业、计算机专业、弱电控制专业、消防专业等多学科、多领域的综合工程，并涉及到计算机网络工程等专业技术的工程。在设计施工中应对供配电方式、空气净化、安全防范措施以及防静电、防电磁辐射和

图 4-24　运行 PING 命令测试

抗干扰、防水、防雷、防火、防潮、防鼠等多方面给予高度重视，以确保计算机系统长期正常运行工作。

课题 2　多媒体机房组网软件安装与设置

在多媒体网络机房中，无论是双网卡代理服务器或是机房资源服务器，都有要安装网络操作系统等软件。在完成网络机房的硬件、组网安装后，下一步就是要在服务器端、客户端分别安装相应的软件，实现硬件资源或软件资源共享。

2.1　服务器的安装及设置

2.1.1　Windows 2000 Server 服务器的安装

（1）安装 Windows 2000 Server 服务器前准备工作

1）Windows 2000 Server 简体中文版安装光盘一片，服务器的各种驱动程序盘，服务器主板说明书。若条件允许，用驱动程序备份工具（如：驱动精灵）将原 Windows 2000 下的所有驱动程序备份到硬盘上（如：F:\ BAK）。最好能记下主板、网卡、显卡等主要硬件的型号及生产厂家，预先下载驱动程序备用。

2）作好原来机器上的数据，如果你想在安装过程中格式化 C 盘或 D 盘（建议安装过程中格式化 C 盘），请备份 C 盘或 D 盘有用的数据。

3）可能的情况下，在运行安装程序前用磁盘扫描程序扫描所有硬盘检查硬盘错误并进行修复，否则安装程序运行时如检查到有硬盘错误即会很麻烦。

4）准备好 Windows 2000 Server 简体中文版安装光盘，并检查光驱是否支持光盘启动。

5）记录下 Windows 2000 Server 简体中文版的产品密匙，即安装序列号，一般放在光盘中 SN. TXT 文件中或 Windows 2000 Server 简体中文版安装光盘的包装封面上。

（2）安装步骤

1）将光盘放入光驱，重新启动系统。

2）启动时，不断按下【Del】键，进入 CMOS，对照主板说明书，将 Windows 2000 Server 安装光盘放入光驱，重新启动系统并把光驱设为第一启动盘，保存设置并重启。

3）光盘自启动后，进入安装 Windows 2000 Server 安装程序，即可见到安装界面，如图 4-25 所示。

4）此界面有三个选项：

• 要开始安装 Windows 2000，请按 ENTER。

• 要修复 Windows 2000 中文版的安装，请按 R。

• 要停止安装 Windows 2000 并退出安装程序，请按 F3。

在这里我们选第一项按【Enter】回车，出现如图 4-26 所示。Windows 2000 许可协议，这里没有选择的余地，按【F8】。

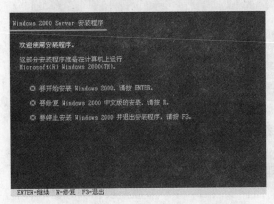
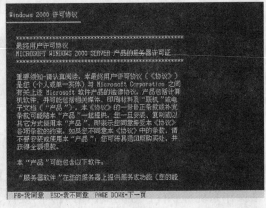

图 4-25　Windows 2000 Server 安装程序　　　　　图 4-26　Windows 2000 许可协议

5）出现如图 4-27 界面，用【向下】或【向上】方向键选择安装系统所用的分区，选择好分区后按【Enter】键回车，安装程序将检查所选分区，如果这个分区已经安装了另一个系统会出现下图 4-28。

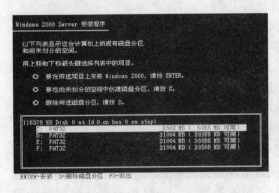
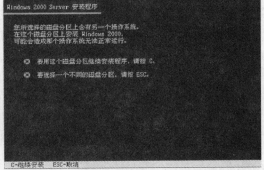

图 4-27　Windows 2000 Server 安装程序　　　　　图 4-28　选择分区

6）要使用所选的分区安装，按【C】键，如图 4-28 所示。

7）出现如图 4-29 界面，这里对所选分区可以进行格式化，从而转换文件系统格式，或保存现有文件系统，有多种选择的余地，但要注意的是 NTFS 格式可节约磁盘空间提

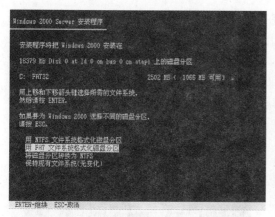

图 4-29　选择文件系统格式化磁盘分区

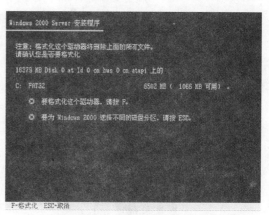

图 4-30　格式化磁盘分区警告

高安全性和减小磁盘碎片但同时存在很多问题 OS 和 98/Me 下看不到 NTFS 格式的分区（这儿既然是 Server，强烈推荐选择 NTFS），在这里选【用 FAT 文件系统格式化磁盘分区】，按【Enter】键。

8）出现如图 4-30 格式化所选分区 C 盘的警告，按 F 键将准备格式化 C 盘。

9）由于所选分区 C 的空间大于 2048M（即 2G），FAT 文件系统不支持大于 2048M 的磁盘分区，所以安装程序会用 FAT32 文件系统格式对 C 盘进行格式化，按【Enter】键回车，如图 4-31 所示。

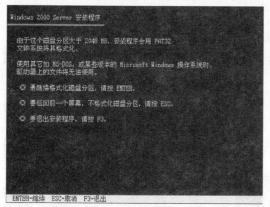

图 4-31　格式化磁盘分区选项

图 4-32　格式化磁盘分区

10）格式化磁盘分区如图 4-32 所示。只有用光盘启动或安装启动软盘启动 Windows 2000 安装程序，才能在安装过程中提供格式化分区选项；如果用 MS-DOS 启动盘启动进入 DOS 下，运行 i386 \ winnt进行安装 Windows 2000 时，安装 Windows 2000 时没有格式化分区选项。格式化 C 分区完成后，安装程序开始从光盘中复制文件。

11）复制文件过程如图 4-33 所示。

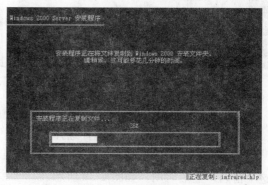

图 4-33　安装程序复制文件

复制完文件后，复制完文件后系统将会自动在 15 秒后重新启动，这时要注意了，请在系统重启时将硬盘设为第一启动盘或者临时取出安装光盘启动后再放入，使系统不至于进入死循环又重新启动安装程序。

12）重新启动后，首次出现 Windows 2000 Server 启动画面，如图 4-34 所示。

13）启动后开始检测设备和安装设备，其间会黑屏二次，这是正常的，完成后出现如下图 4-35 所示。

图 4-34　Windows 2000 Server 启动画面

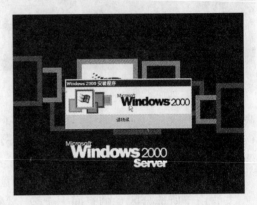

图 4-35　黑屏后启动画面

14）如图 4-36 所示，区域和语言设置选用默认值就可以了，直接点【下一步】按钮。

15）这里任意输入你想好的姓名和单位，点【下一步】按钮，之后，将安装前 Windows 2000 Server 简体中文版的产品密匙，如图 4-37 所示，即安装序列号分别填入以上空白处，这里输入安装序列号如：H6TWQ-TQQM8-HXJYG-D69F7-R84VM，点【下一步】按钮。

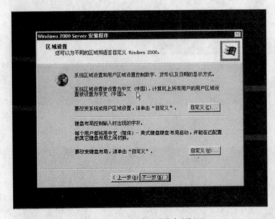

图 4-36　区域和语言设置

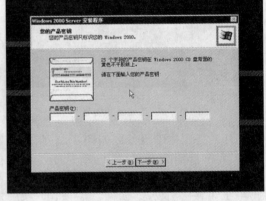

图 4-37　输入安装序列号

16）在这里你可以根据需要任选一项，想配置成服务器选第一项，配置成工作站选第二项（同 Windows 2003 一样），选择后按【下一步】，如图 4-38 所示。

17）计算机名称自己任意输入默认作为服务器名，输入两次系统管理员密码，请记住这个密码，登陆时用，如图 4-39 所示。

18）出现组件选项，如图 4-40 所示，根据需要选择，亦可以在安装完成后可在添加/

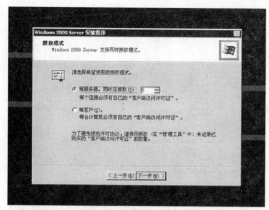

图 4-38 授权模式选择

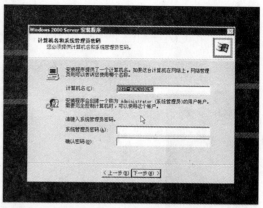

图 4-39 计算机名与系统管理员密码设置

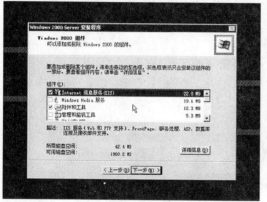

图 4-40 组件安装

图 4-41 日期和时间设置

删除里更改，点【下一步】继续。

19）进行日期和时间设置，如图 4-41 所示。设置完毕后，点【下一步】，接着开始安装网络。

20）网络设置选【典型设置】即可，点【下一步】，如图 4-42 所示。

21）点【下一步】，开始安装组件、保存设置、删除用过的临时文件，如图 4-43 所示。

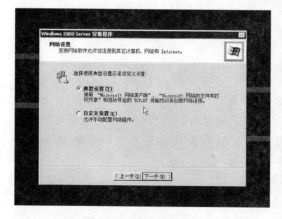

图 4-42 选择网络设置

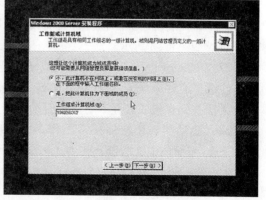

图 4-43 安装组件、保存设置

22）点击【完成】按钮完成全部安装过程，系统重新启动，如图4-44所示。

23）按 Ctrl＋Alt＋Delete 组合键，启动系统，如图4-45所示。

图4-44 完成全部安装　　　　　　　　　　　图4-45 启动系统

24）输入你安装时设置输入用户名和密码，单击【确定】按钮，如图4-46所示。

25）如果你不想配置你的服务器，可以以后再配置，直接点【下一步】，将出现桌面，如图4-47所示。

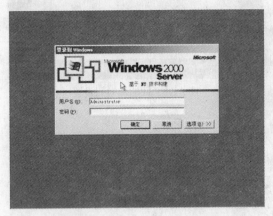 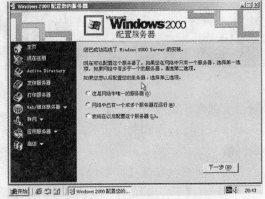

图4-46 输入用户名和密码　　　　　　　　　图4-47 配置服务器界面

26）将【启动时显示该屏幕】前去掉【√】，下次启动就不会出现该窗口了，直接关闭窗口，如图4-48所示。

27）Windows 2000 Sever 启动成功，进入桌面，如图4-49所示。

注意：有些系统安装了 Windows 2000 Server 简体中文版后，Windows 2000 Server 系统无法找到主板或其显卡、声卡驱动程序，装机之前准备好这些驱动盘，有备无患。需要时放入驱动器，让硬件正常工作。此处准备了并没有使用，并不表所有的 Windows 2000 Server 简体中文版都不需要。

2.1.2　Windows 2000 Server 服务器的设置

（1）更改系统密码

用户口令设置为管理员账户设置一个密码，在很大程度上可以避免口令攻击。密码设

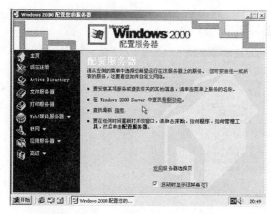

图 4-48 启动时显示该屏幕前去掉［√］   图 4-49 启动进入桌面

置的字符长度应当在 8 位以上，最好是字母、数字、特殊字符的组合，如【psp53，@pq】、【skdfksadf10@】等，可以有效地防止暴力破解。最好不要用自己的生日、手机号码、电话号码等做口令。更改密码步骤如下：

1）启动 Windows 2000 Server 到桌面，按 Ctrl＋Alt＋Delete 组合键，出现如图所示界面，单击【更改密码】按钮，如图 4-50 所示。

2）进入密码更改界面，提示输入先输入【旧密码】然后输入【新密码】进行【确认新密码】，最后单击【确定】按钮，如图 4-51 所示。

图 4-50 Windows 安全   图 4-51 更改密码

3）弹出【更改密码】对话框，显示【你的密码已生效】，单击【确定】按钮即可完成。

（2）关闭自动播放功能

自动播放功能不仅对光驱起作用，而且对其他驱动器也起作用，这样很容易被黑客利用来执行黑客程序。

1）启动至桌面，从【开始→运行】，在【运行】输入窗口中输入【gpedit.msc】，如图 4-52 所示。

图 4-52 输入窗口中输入 gpedit.msc

2）打开组策略编辑器，如图 4-53 所示。

3）从【计算机配置】中单击【管理模板】，如图 4-54 所示。

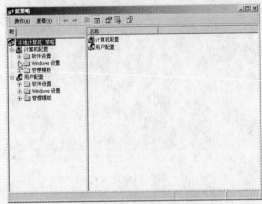

图 4-53　组策略编辑器

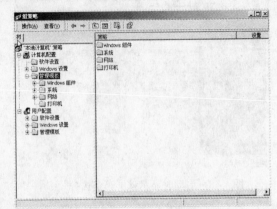

图 4-54　单击管理模板

4）从【管理模板】展开菜单中选择【系统】，如图 4-55 所示。

5）从右边窗口中选择【停用自动播放】，如图 4-56 所示。

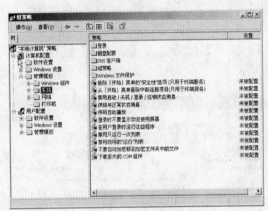

图 4-55　管理模板

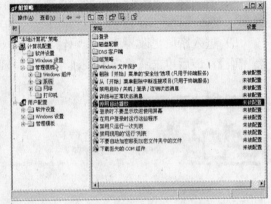

图 4-56　选择停用自动播放

6）双击【停用自动播放】栏，弹出【停用自动播放属性】选项卡，如图 4-57 所示。

7）单击【启用】，在【停用自动播放】后的窗口中选择【所有驱动器】，然后依次单击【应用】和【确定】按钮，如图 4-58 所示。

2.2　向工作站分发安装（用 Ghost 管理机房）

Ghost（幽灵）软件是美国 Symantec 公司推出的一款出色的硬盘备份还原工具，可以实现 FAT16、FAT32、NTFS、OS2 等多种硬盘分区格式的分区及硬盘的备份还原，也叫克隆软件。它具有以下特点：①Ghost 的备份还原是以硬盘的扇区为单位进行的，也就是说可以将一个硬盘上的物理信息完整复制，而不仅仅是数据的简单复制，能克隆系统中所有的数据信息；②Ghost 支持将分区或硬盘直接备份到一个扩展名为 .gho 的文件（称为镜像文件 .gho）里，也支持直接备份到另一个分区或硬盘里。

2.2.1　安装一台 Client 计算机作为 Ghost 服务器

1）先在一台学生的 Client 计算机器上，按 2.2 节介绍，安装上 Windows 2000 操作系

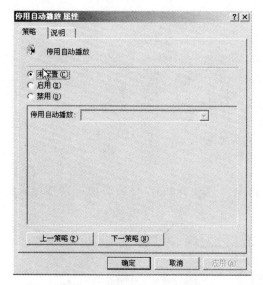

图 4-57 停用自动播放属性   图 4-58 停用自动播放启用

统，一般均装在 C 区上。

2) 安装好教学用的各种软件，如 OFFICE、PHOTOSHOP、网页三剑客、QQ 软件等各种应用软件，为便于克隆，将这些软件也装在 C 区。

2.2.2 从服务器进行克隆备份（即制作镜像）

1) 各种所需要软件及设置好后，开始在这台机器上安装运行 Ghost 软件。用启动盘进入 DOS 环境后，在提示符下输入 Ghost，回车即可运行 Ghost.exe，首先出现的是关于界面，如图 4-59 所示。

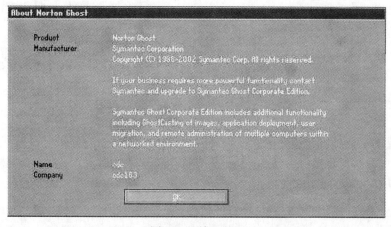

图 4-59 关于界面

2) 按【OK 按钮】进入 Ghost 操作界面，如图 4-60 所示。

出现 Ghost 菜单，主菜单共有 4 项，从下至上分别为 Quit（退出）、Options（选项）、Peer to Peer（点对点，主要用于网络中）、Local（本地）。

通常情况下我们只用到 Local 菜单项，其下有三个子项：Disk（硬盘备份与还原）、Partition（磁盘分区备份与还原）、Check（硬盘检测），前两项功能是我们用得最多的，

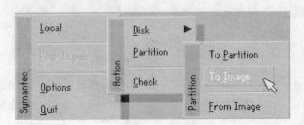

图 4-60　ghost 操作界面

下面的操作介绍就是围绕这两项展开的。

3) 从向右弹出的菜单中，选择【Local→Disk→To Image】，将会出现选择本地硬盘窗口，如图 4-61 所示，再按回车键。

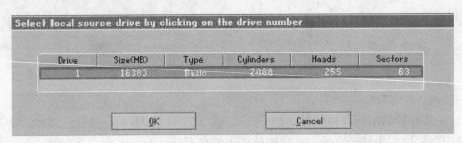

图 4-61　选择本地硬盘窗口

4) 出现选择源分区窗口（源分区就是你要把它制作成镜像文件的那个分区，这里在我们选择 C 区），如图 4-62 所示。

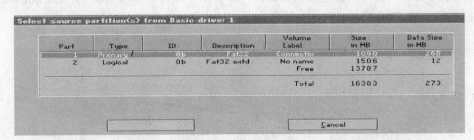

图 4-62　选择源分区窗口

5) 用【↑↓】键将蓝色光条定位到我们要制作镜像文件的分区上，按回车键确认我们要选择的源分区，再按一下【Tab】键将光标定位到 OK 键上（此时 OK 键变为白色），如图 4-63 所示，再按回车键。

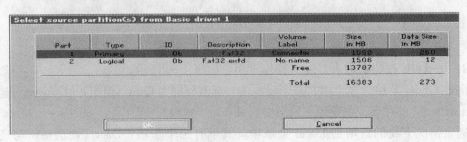

图 4-63　确认要选择的源分区

6）进入镜像文件存储目录，默认存储目录是 ghost 文件（镜像文件 .gho）所在的目录，在 File name 处输入镜像文件的文件名（在这里是制作 Win2000 镜像，文件名设为 win2000.gho，在后面操作中将画面中文件名 cwin98 改为 win2000.gho 即可），也可带路径输入文件名（此时要保证输入的路径是存在的，否则会提示非法路径），如输入 D：\sysbak\cwin98，表示将镜像文件 cwin98.gho 保存到 D：\sysbak 目录下，如图 4-64 所示，输好文件名后，按回车。

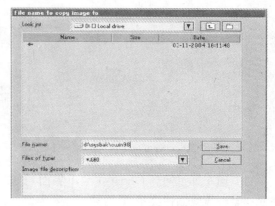

图 4-64　镜像文件存储

7）接着出现【是否要压缩镜像文件】窗口，如图 4-65 所示，有【No（不压缩）、Fast（快速压缩）、High（高压缩比压缩）】，压缩比越低，保存速度越快。一般选 Fast 即可，用向右光标方向键移动到 Fast 上，回车确定。

8）接着又出现一个提示窗口，如图 4-66，用光标方向键，移动到【Yes】上，回车确定。

图 4-65　压缩镜像文件窗口

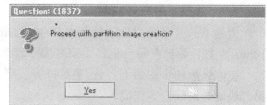

图 4-66　提示窗口

9）Ghost 开始制作镜像文件，如图 4-67 所示。

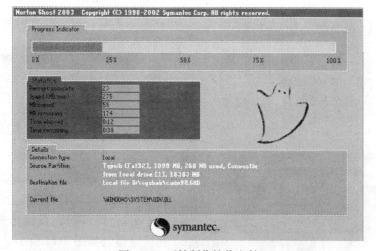

图 4-67　开始制作镜像文件

10）建立镜像文件成功后，会出现提示创建成功窗口，如图 4-68 所示。

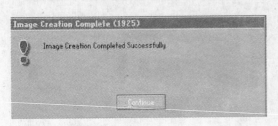
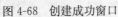

图 4-68　创建成功窗口

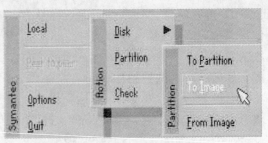

图 4-69　Ghost 主菜单界面

11）回车即可回到 Ghost 主菜单界面，如图 4-69。按 Q 键，回车后即可退出 ghost，至此，系统克隆制作完毕。

小技巧：

如果没有刻录机，可以将每台 Client 机器的硬盘的跳线（按照说明图示）设置成从盘，安装在已经安装了软件的那台 Client 机器上，进行硬盘对硬盘刻录，速度也很快。

2.2.3　刻系统光盘

将 win2000.gho 及 ghost 软件刻录成几张系统光盘（即带有系统文件，可以引导系统启动）。

2.2.4　镜像还原

用刻录的光盘镜像分别到其他学生 Client 机器上进行还原。每安装一台机器只需要 10min 左右，要比在每台机器上安装 Win2000 中文版节省 20～30min。

镜像还原的步骤如下：（这里是以安装第二块硬盘从原有机器上进行还原恢复，假设第二块硬盘跳线设置完成。）

1）启动系统到纯 DOS 模式下到纯 DOS 状态，执行 Ghost.exe 文件，进入 ghost 操作界面，如图 4-70 所示。选择【Local→Partition→To Image】，屏幕显示出硬盘选择画面。

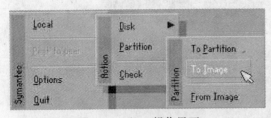

图 4-70　ghost 操作界面

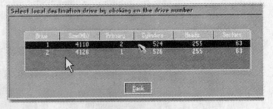

图 4-71　选择源分区和目标盘

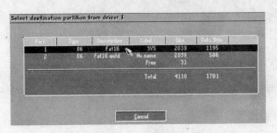

图 4-72　选择目标盘

2）从 D 盘中选择已经制作源镜像文件 win2000.gho，按回车键，从源镜像文件 win2000.gho 中选择源分区，这里只有一个分区（C 区），直接选择，然后选择目标硬盘，如图 4-71 所示。

3）选择目标分区，如图 4-72 所示。这里要注意：将第二块要克隆的硬盘作为从盘，装在本机上（分区为 C:、D:、E:）之后，则第二块硬盘（即从盘）的分区应该是 F:、G:、H:，故目标硬盘应选择 F:。

4）Norton Ghost 会再一次询问你是否进行恢复操作，并且警告你如果进行的话目标分区上的所有资料将会全部消失，点击【Y】后就开始恢复操作，时间与制作镜像的时间大致相等。恢复工作结束后，Norton Ghost 会建议重新启动系统，按照提示要求启动系统即可。

❀小技巧：

将 Norton Ghost 放在启动盘上；将硬盘工作在 Ultra ATA/33/66 模式下，制作镜像文件.gho 的速度比较快；机房所有的硬盘型号、分区完全相同、制作镜像前的源分区上安装的软件没有任何冲突，可以保证还原镜像到其他硬盘不出硬件、软件差。

各学生的 Client 机安装好系统之后，可以分别进行网络共享及协议的安装和设置。网络共享设置完成后，各学生的 Client 机便可以从代理服务器上共享其他应用软件了。

2.3 服务器的网络设置

2.3.1 设置网络协议及网卡参数

双网卡代理服务器（Proxy Server）是应用 Windows 自带共享功能实现代理。要安装双网卡代理服务器，需事先准备以下硬软件：服务器一台（至少带两块网卡），Windows 2000 server 版 或 Windows 2003 Server 版。设机房申请的公网 IP 地址为：61.184.213.235，此 IP 网关为：61.184.213.1，DNS 为 202.103.0.117。

此种代理方式的拓扑结构为：WAN（相当于 Internet 或 ISP）→ISA（外网网卡）→ISA（内网网卡）→Switch→机房 LAN，如图 4-73 所示。

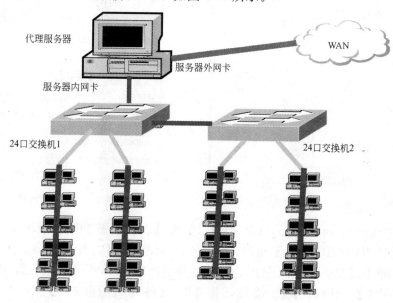

图 4-73　双网卡代理服务器机房拓扑结构

安装设置步骤：

1）安装 Windows 2000 server 版或 Windows 2003 Server 版到服务器。

2）用鼠标右键点击【网上邻居】，选择【属性】，进入【网络和拨号连接】属性设置窗口，可以看到出现两个【本地连接】如图 4-74 所示。

3）为了方便设置，先用鼠标右键点击分别两个【本地连接】分别进行重命名为【内网】【外网】，如图 4-75 所示。

4）重命名后的界面如图 4-76 所示。

5）用鼠标右键点击【外网】，选择【属性】，先设置【外网】的属性，出现如图 4-77 所示窗口。

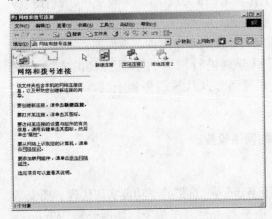

图 4-74　网络和拨号连接　　　　　　　图 4-75　本地连接分别进行重命名

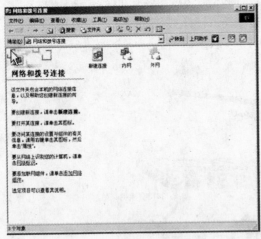　　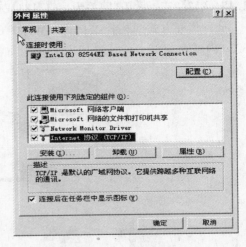

图 4-76　重命名后的界面　　　　　　　图 4-77　外网的属性

6）选中【Internet 协议（TCP/IP）】，单击【属性】按钮，出现如图 4-78 所示，【Internet 协议（TCP/IP）属性】窗口，此时便可以设置外网的 IP 地址。

7）分别单击【使用下面的 IP 地址】，【使用下面的 DNS 服务器地址】，填写【IP 地址】【子网掩码】【默认网关】【首选 DNS 服务器】【备用 DNS 服务器】选项卡，最后单击【确定】如图 4-79 所示。

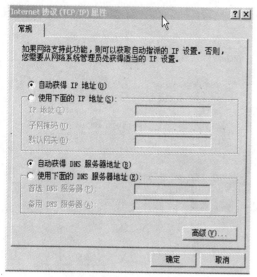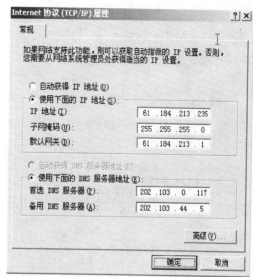

图 4-78　Internet 协议（TCP/IP）属性　　　　图 4-79　Internet 协议（TCP/IP）属性设置

8）用鼠标右键点击【外网】，选择【属性】，先设置【外网】的属性，单击【共享】选项卡，勾选【启用此连接的 Internet】如图 4-80 所示，最后单击【确定】按钮。外网网络及协议设置完成。

9）用鼠标右键点击【内网】，选择【属性】，再设置【内网】的属性，出现如图 4-81 所示窗口。

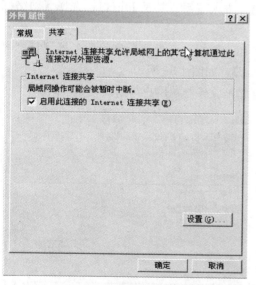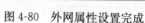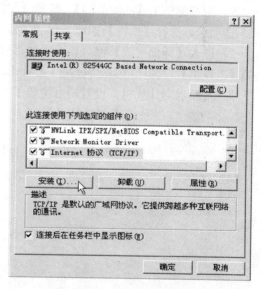

图 4-80　外网属性设置完成　　　　　　　　图 4-81　内网属性设置

10）在【内网属性】选项卡中选择【常规】，选中【Internet 协议（TCP/IP）】，单击【属性】按钮，出现如图所示【Internet 协议（TCP/IP）属性】窗口，此时便可以设置服务器内网的 IP 地址，如图 4-82 所示。

11）分别单击【使用下面的 IP 地址】，【使用下面的 DNS 服务器地址】，填写【IP 地

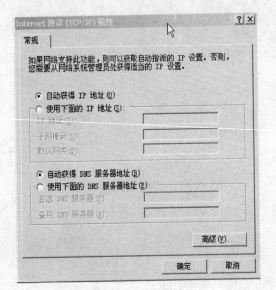

图 4-82　内网 TCP/IP 属性

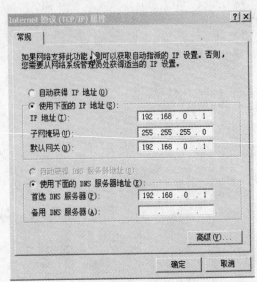

图 4-83　内网 TCP/IP 属性设置

址】【子网掩码】【默认网关】【首选 DNS 服务器】【备用 DNS 服务器】选项卡，如图 4-83 所示。

小结：其他学生用的工作站均要设置在 192.168.0.0 这个网段，这样就能与服务器内网互相连通了。只是学生用工作站用的 IP 地址不能为 192.168.0.1，正确的 IP 地址范围为 192.168.0.2≤X≤192.168.0.254。

2.3.2　网络标识及用户组设置

1）用右键单击【我的电脑】，选择【属性】，进入【系统特性】窗口，选择【网络标识】选项卡，选择【属性】如图 4-84 所示。

2）进入【标识更改】窗口，设置计算机名和工作组。此处可分别将服务器【计算机名】【工作组】设为【hbxftc-server】【workgroup】，如图 4-85 所示。

3）重新启动计算机，设置便可生效了，至此，服务器端用户与组设置完毕。

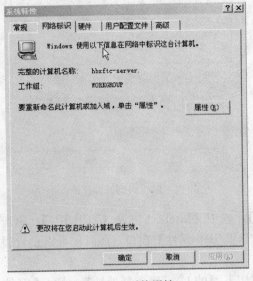

图 4-84　系统属性

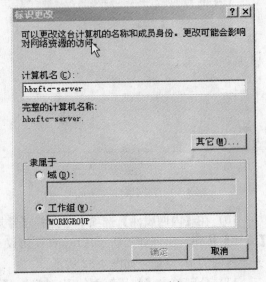

图 4-85　标识更改

2.4　工作站的网络设置

2.4.1　设置网络协议及网卡参数

1）启动 Windows 系统到桌面，用右键单击【网上邻居】，在弹出菜单选择【属性】，在弹出的【网络和拨号连接】窗口中，用右键单击【本地连接】。

2）在弹出【本地连接属性】选项卡的【常规】选项中，选择【Internet 协议（TCP/IP)】，然后单击【属性】按钮，如图 4-86 所示。

3）在【Internet 协议（TCP/IP）属性】中设置【IP 地址】【子网掩码】【默认网关】【首选 DNS 服务器】分别设置为 192.168.0.2，255.255.255.255.0，192.168.0.1，192.168.0.1，然后单击【确定】按钮，如图 4-87 所示。

图 4-86　本地连接属性

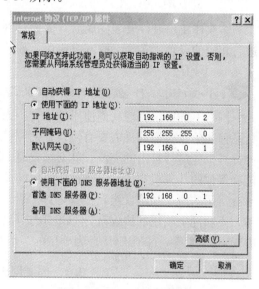

图 4-87　TCP/IP 属性设置

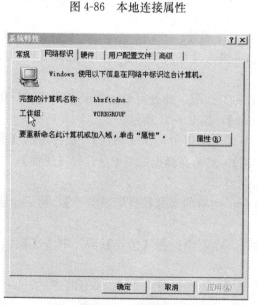

图 4-88　系统特性

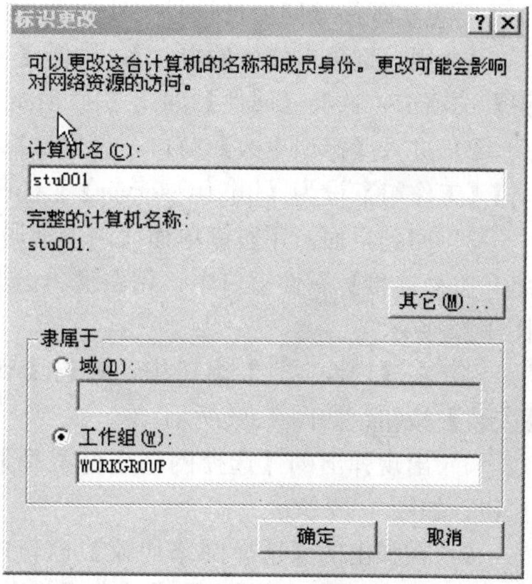

图 4-89　标识更改

2.4.2　网络标识及用户组设置

1）用右键单击【我的电脑】，选择【属性】，进入【系统特性】窗口，选择【网络标识】选项卡，选择【属性】如图 4-88 所示。

2）进入【标识更改】窗口，设置计算机名和工作组。此处可分别将服务器【计算机名】【工作组】设为【stu001】【workgroup】，如图 4-89 所示。

3）重新启动计算机，设置便可生效了，至此，第一台学生机客户端用户与组设置完毕。

小结：其他的学生机用户名分别设置为 stu002，stu003……stu50，stu51 等，工作组均设置为 Workgroup。

课题3　多媒体机房的应用

多媒体机房硬件安装完成后，需要对网络机房中服务器（Server）和客户机（Client）进行相应的设置，实现一些网络应用，如共享文件、共享打印等。

🎓 小知识：什么是网络协议？

网络上的协议就像我们使用的语言，人与人之间的交流和沟通需要语言，在网络上进行通信和信息传递同样需要有协议，而网络上不同的计算机可能采用不同的协议，要使不同计算机能进行自由的交流，就必须要有一种共同的语言。只有使用了这种共同语言，才能确保你的计算机在 Internet 这个自由的国度中畅通无阻。

实用的协议和协议组，例如，NetWare IPX/SPX、NetBEUI、TCP/IP 和 AppleTalk 等。互联网上使用的协议有：TCP/IP，局域网使用的协议有 IPX/SPX；以太网用的协议有 IEEE802 等，NetBEUI 是为小型的、单个服务器网络协议。

3.1　局域网内目录及文件共享

3.1.1　Server 端目录及文件共享设置

要想实现局域网内目录及文件共享，需要作以下设置。

1）用右键单击【我的电脑】，选择【属性】，进入【系统特性】窗口，选择【网络标识】选项卡，选择【属性】如图 4-90 所示。

2）进入【标识更改】窗口，设置计算机名和工作组。此处可分别将服务器【计算机名】【工作组】设为【hbxftc-server】【workgroup】，如图 4-91 所示。

3）回到桌面，用右键单面【网上邻居】，在弹出菜单中选择【属性】，在弹出的【网络和拨号连接】属性窗口中，用右键单击【内网】，然后在弹出的菜单是选择【属性】，如图 4-92 所示。

4）在【内网属性】窗口中，勾选【Microsoft 网络的文件和打印机共享】，然后单击【安装】按钮，如图 4-93 所示。

5）出现弹出的【选择网络组件类型】窗口，在其中选择【协议】后，单击【添加】按钮，如图 4-94 所示。

6）在弹出的【选择网络协议】窗口中选择【NWLink IPX/SPX/NetBIOS Compatible Transport Protocol】，然后单击【确定】按钮，如图 4-95 所示。

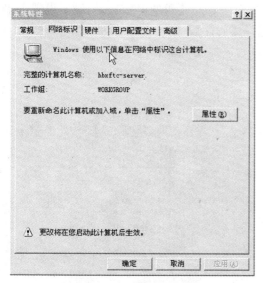

图 4-90　系统特性

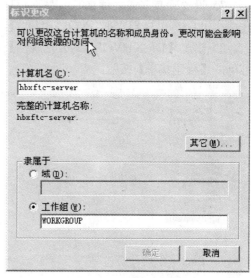

图 4-91　标识更改

图 4-92　内网属性

图 4-93　安装文件和打印机共享

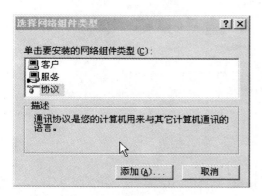

图 4-94　添加协议

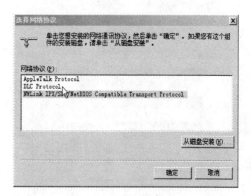

图 4-95　选择网络协议

7）设置硬盘（或文件夹）共享。返回到桌面，打开【我的电脑】，假设要设置 D 盘共享。用右键单击【DISK1-VOL2（D：）】，选择【属性】，如图 4-96 所示。

8）出现【DISK1-VOL2（D：）属性】窗口，选择【共享】选项卡，如图 4-97 所示，再单击【新建共享】按钮。

图 4-96　我的电脑

图 4-97　磁盘属性

9）出现【新建共享】对话框，如图 4-98 所示，在【共享名】输入框中输入【d】字符，然后单击【确定】按钮。

图 4-98　新建共享

10）然后在【DISK1-VOL2（D：）属性】中单击【应用】按钮，最后单击【确定】，如图 4-99 所示。

11）在【我的电脑】中可以看到 DISK1-VOL2（D：）已经成有了共享文件夹的图标，其他的磁盘或文件夹共享基本与此类似。为了让 Clients 端与 Server 端进行有限制地共享，可以设置共享用户数和共享文件存取权限，如图 4-100 所示。

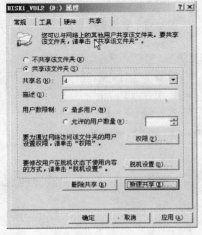

图 4-99　DISK1-VOL2（D：）属性

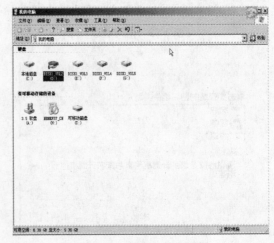

图 4-100　共享文件夹图标

3.1.2　Clinet 端目录及文件共享设置

Clinet 端目录及文件共享设置与 Server 端目录与文件共享步骤一样：先要安装【Microsoft 网络的文件和打印机共享】组件，并安装【NWLink IPX/SPX/NetBIOS Compatible Transport Protocol】局域网协议。学生机的计算机用户名分别设置为 stu001，stu002，stu003……stu050，stu051……，工作组均设置为 wokgroup 均可，此处不再多叙。

小结：要实现局域网内目录和文件等软件资源的共享，必须要让这些局域网内的计算机处在同一工作组，然后设置文件或目录的共享。

3.2　局域网共享访问 Internet

在 TCP/IP 协议中，定义了两种 IP 地址，一种是私有 IP 地址，如 192.168.0.1 的 IP 地址，这个地址就是私有地址，它在全球网络中不具唯一性，可以在全球任何一个地方的网络中使用；另外一种是可以直接访问 Internet 的公网 IP 地址，公网 IP 地址在全球网络中是唯一的，它就像是全球各大城市里的街道及门牌号码一样，主要是起标识不同网络的作用。在互联网中，正是因为有这样的公网 IP 地址，我们的通信才可以得以实现。但是由于公网 IP 地址资源的日益消耗，不可能在一个网络中申请到很多个公有 IP 地址。这时，我们就会使用到 NAT 地址转换技术，它可以将局域网中的如 192.168.0.x 的私有地址转换为可以在 Internet 使用的 IP 地址。从而达到访问 Internet 的目的，如图 4-101 所示。

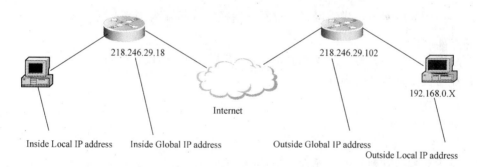

图 4-101　NAT 图示

小知识：什么是 NAT？

NAT 是英文全称 Network Address Translation，也就是网络地址转换，这种技术在网络中主要是为了解决公网 IP 地址短缺，NAT 的工作原理是将内部私有网络地址转换成合法的公网地址，从而可以访问互联网。

在 NAT 的工作模式中，会涉及到四个 IP 地址：

Inside Local IP address：指定于内部网络的主机地址，全局唯一，但为私有地址。

Inside Global IP address：代表一个或更多内部 IP 到外部世界的合法 IP。

Outside Global IP address：外部网络主机的合法 IP。

如图 4-101 所示，在这个网络图中，有一个内部的私有地址 192.168.0.0，这个路由器上有一个内部的全局地址 218.246.29.18，这个地址可以是由电信运营商提供的静态 IP 地址也可是以动态获得的，这个全局地址使用的是合法的公用 IP 地址。局域网 192.168.0.0 内的用户均可以通过共享内部全局地址 218.246.29.18 访问 Internet。

📖 小知识：什么是代理服务器？

代理服务器（Proxy Server）就是个人网络和因特网服务商之间的中间桥梁或中间代理机构，它负责转发合法的网络信息，并对转发进行控制和登记。在使用网络浏览器浏览网络信息的时候，如果使用代理服务器，浏览器就不是直接到 Web 服务器去取回网页，而是向代理服务器发出请求，由代理服务器取回浏览器所需要的信息。目前使用的因特网是一个典型的客户机/服务器结构，当用户的本地机与因特网连接时，通过本地机的客户程序比如浏览器或者软件下载工具发出请求，远端的服务器在接地请求之后响应请求并提供相应的服务。

代理服务器处在客户机和服务器之间，对于远程服务器而言，代理服务器是客户机，它向服务器提出各种服务申请；对于客户机而言，代理服务器则是服务器，它接受客户机提出的申请并提供相应的服务。也就是说，客户机访问因特网时所发出的请求不再直接发送到远程服务器，而是被送到了代理服务器上，代理服务器再向远程的服务器提出相应的申请，接收远程服务器提供的数据并保存在自己的硬盘上，然后用这些数据对客户机提供相应的服务。

在中小型局域网中，我们可以通过两种途径实现局域网共享上网：

硬件途径：

用双网卡代理服务器（即 Windows 自带的 Internet 连接共享）；

用宽带共享路由器实现共享。

软件途径：

代理服务器软件方式。

用双网卡代理服务器（即 Windows 自带的 Internet 连接共享）是 Windows 2000 自带功能，不需要安装其他软件，非常简单易用，但是使用连接共享时，可能会有部分上网功能不能实现。

使用代理服务器软件，虽然可以使用全部的上网功能，但是使用时会耗费一定的系统资源，可以根据实际情况选择。用宽带共享路由器实现共享是使用一台宽带共享路由器（Router）的 WAN 口连接到 Internet，局域网再通过集线器 Hub 或交换机 Switch 接入到宽带共享路由器的 LAN 口。

下面让我们分别来看看在这几种方式下如何实现共享上网。

3.2.1 用双网卡代理服务器（即 Windows 自带的 Internet 连接共享）

双网卡代理服务器（ProxyServer）是应用 Windows 自带共享功能实现代理。要安装双网卡代理服务器，但不需要额外安装代理服务器软件。安装需事先准备以下硬软件：服务器一台（至少带两块网卡），Windows 2000 server 版或 Windows 2003 Server 版。设机房申请的公网 IP 地址为：61.184.213.235，此 IP 网关为：61.184.213.1，DNS 为 202.103.0.117。

此种代理方式的拓扑结构为：Internet → ISA（外网网卡）→ ISA（内网网卡）→

Switch→机房 LAN。连接拓扑结构如图 4-73 所示。

1）双网代理服务器（Proxy Server）安装设置步骤见本单元课题 2.3。

2）接内网网卡的网线接到机房交换机（Switich）的 UPLINK 口，其他的学生机（WorkStion 或 Client）均接在机房交换机（Switich）上普通接口（10M/100M 自适应），机房工作站的的网卡【Internet 协议（TCP/IP）】属性设置如图 4-102 所示，只是每个学生机的 IP 设置不能相同，可以依次设置为：192.168.0.2 ～ 192.168.0.254（不能相同）。

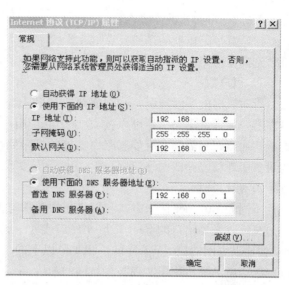

图 4-102　学生机 TCP/IP 属性设置

3）设置完一台学生机器后，测试网络通否，可以单击【开始】→【运行】在框中运行【ping192.168.0.1　—t】如图 4-103 所示。

图 4-103　运行 ping 命令

4）若出现如图 4-104 所示，表示学生机（客户机）到代理服务器（服务器）网络已经通了。

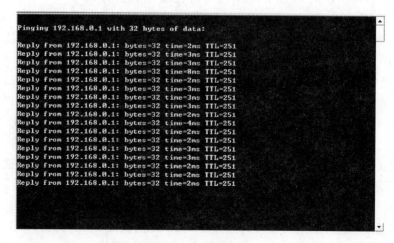

图 4-104　测试网络

3.2.2 路由器共享方式

（1）宽带路由器的选购要点

选择宽带路由器时应考虑以下因素：

1）用户数

针对机房的实际情况，必须满足机房和 Internet 接入的需要。一般每个机房 $40\sim60$ 台左右，宽带共享路由器可以按 $100\sim200$ 个用户数设计购买。对于只拥有 50 个左右用户的机房而言，只需选购有静态路由功能的宽带路由器，就可以保证网络的 Internet 接入，也可以实现较复杂的网络应用。

2）接口类型

不同的 Internet 接入方式和网络间的互联需要不同类型的接口。通常情况下，机房是通过光纤收发器出口的 Fast Ethernet 口或者一般的电口，因此只需一个以上 Fast Ethernet 快速以太网端口（WAN 口）和 4 个以上的 LAN 口。WAN 口实现远程网络和 Internet 接入，LAN 口用于实现与局域网的连接。

3）可扩展性

模块化结构具有较大的灵活性，无论网络结构和接入方式如何变化，只需选择相关的模块即可适应各种复杂的网络情况。当然，模块化结构的性能较好，价格也通常较高，中型网络应当选择模块化路由器。

机房的路由器只涉及宽带共享上网，连接一个小型网络，采用固定配置路由器即可。固定配置路由器只拥有固定的端口，无法更换端口类型或增加端口数量，只能应用于较为稳定的网络环境，其路由性能较差，价格也非常便宜。

4）性能因素

从性能上看，路由器可分高端路由器和中、低端路由器。机房是一个小型网络，用户数较少，现阶段只需 100M 包交换能力即可，因此可以采用低端路由设备。

当然考虑到今后网络升级和经济承受能力，可以采用稍高端的路由设备更佳。

（2）路由器的共享设置

此处以 TP-linkTL-R470 为例实现机房共享上网。如图 4-105 所示，某机房是接入在校园网上的一个机房，但是由于校园网只为艺术系机房分配了一个教育网 IP 地址：59.68.226.80，网关：59.68.226.254，DNS1：202.103.0.117；DNS2：59.68.224.8。要实现机房上网，用 SOHO 宽带共享路由器代理方式是较理想的选择，并且可以较好地解决教育网 IP 地址不足的问题。

注意：路由器按机房网络拓扑结构图（如图 4-105 所示）连接好，先用一台机器进入路由器进行配置。路由器默认 IP 地址为 192.168.1.1，故进行路由器配置的电脑的 IP 地址一定设置在 192.168.1.0 这个网络段。可以设为 192.168.1.X（$2\leqslant X\leqslant 254$）。

1）在机房启动一台学生用机，在【桌面】上用右键单击【网上邻居】，选择【属性】，如图 4-106 所示。进入【网络和拨号连接】对话框，用右键单击【本地连接】，选择【属性】。

2）弹出【本地连接】属性窗口，选择【Internet 协议（TCP/IP）】，单击【属性】按钮，如图 4-107 所示。

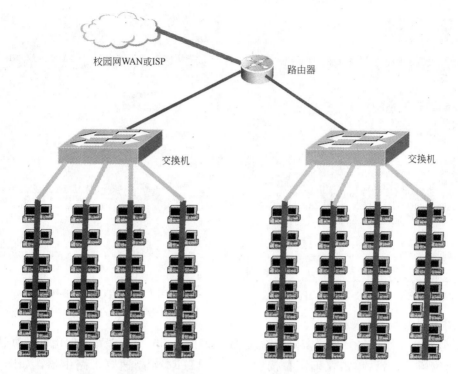

图 4-105　用 SOHO 宽带共享路由器代理方式机房拓扑结构

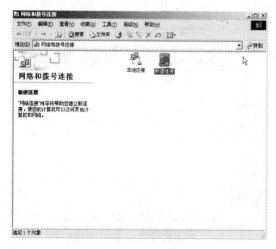

图 4-106　网络和拨号连接

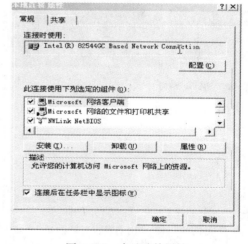

图 4-107　本地连接属性

3）弹出如图 4-108 所示，【Internet 协议（TCP/IP）属性】设置对话框，此处便可以进行基本的网络 IP 地址设置。

4）选择【使用下面的 IP 地址】将【IP 地址】设置为：192.168.1.2，【子网掩码】设置为 255.255.255.0，【默认网关】设置为 192.168.1.1；然后继续选择【使用下面的 DNS 服务器地址】，将【首选 DNS 服务器地址】设置为：192.168.1.1，如图 4-109 所示，然后单击【确定】按钮。

5）打开 IE 浏览器，在地址栏输入 192.168.1.1（路由器连接后初始私有地址），则

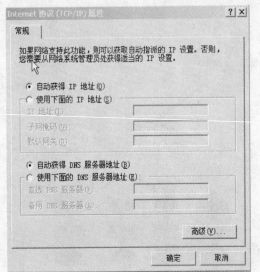

图 4-108　Internet 协议（TCP/IP）属性　　　　　图 4-109　TCP/IP 属性设置

弹出如图 4-110 所示登录对话框。

　　6）分别在【用户名】和【密码】输入 admin 和 admin，（一般宽带路由器的默认用户名和默认密码），然后单击【确定】按钮，进入 TL-R470 高速宽带路由器，如图 4-111 所示。

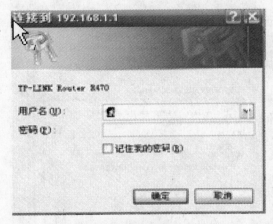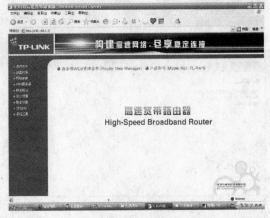

　　　　图 4-110　路由器登录对话框　　　　　　　　　图 4-111　进入路由器

　　7）单击菜单中【设置向导】，单击【下一步】按钮，如图 4-112 所示。

　　8）出现如图 4-113 所示，三种上网方式选择，选择【以太网宽带】，网络服务商提供的固定 IP 地址（静态 IP），然后单击【下一步】按钮。

　　9）在【设置向导－静态 IP】中将【IP 地址】设置为 59.68.226.80，【子网掩码】设置为 255.255.255.0，【网关】设置为 59.68.226.254，【DNS 服务器】设置为 202.103.0.117，【备用 DNS 服务器】设置为 59.68.224.8，然后单击【下一步】按钮，如图 4-114 所示。

　　10）【设置向导】出现【恭喜您】界面，单击【完成】按钮完成设置，如图 4-115 所示。

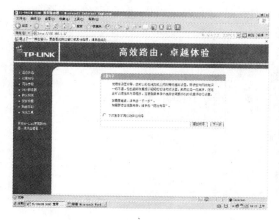

图 4-112　设置向导

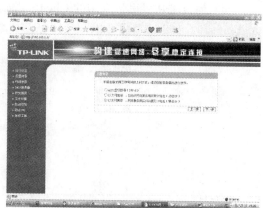

图 4-113　三种上网方式选择

图 4-114　设置网络参数

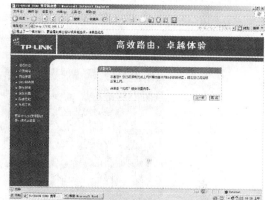

图 4-115　完成网络参数设置

11）选择菜单中【网络参数】中的【WAN 口】，以检查 WAN 口参数是否设置正确，如图 4-116 所示。

12）选择菜单中【网络参数】中的【LAN 口】，或看到如图 4-117 所示，以检查【LAN 口】参数是否设置正确。

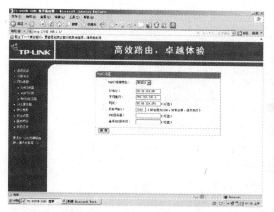

图 4-116　检查 WAN 口参数

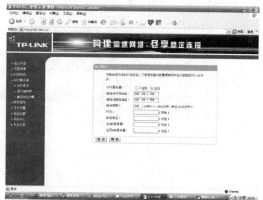

图 4-117　检查 LAN 口参数

13) 为检测从机房学生用的 Clients 端到路由器是否连通，可以从【开始-运行】中输入【ping192.168.1.1-t】如图 4-118 所示。

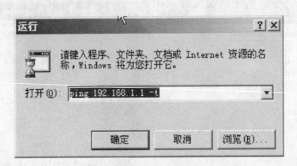

图 4-118　运行 ping 命令

14) 出现如图 4-119 所示：Replyfrom192.168.1.1：bytes＝32time＜1ms TTL＝255…，则表示到路由器内网已经连通；如果出现 requesttimeout…表示网络未通。

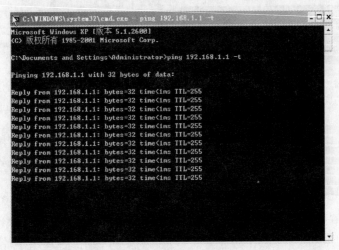

图 4-119　测试内网通否

15) 再测试一下上互联网 www.163.com 是不是连通，可以从【开始-运行】中输入【pingwww.163.com-t】如图 4-120 所示。

图 4-120　运行 ping 命令

16) 同样如果出现，如图 4-121 所示【Reply from 202.108.9.16：bytes＝32time＝152msTTL＝49…】；如果出现 request time out…表示网络未通。

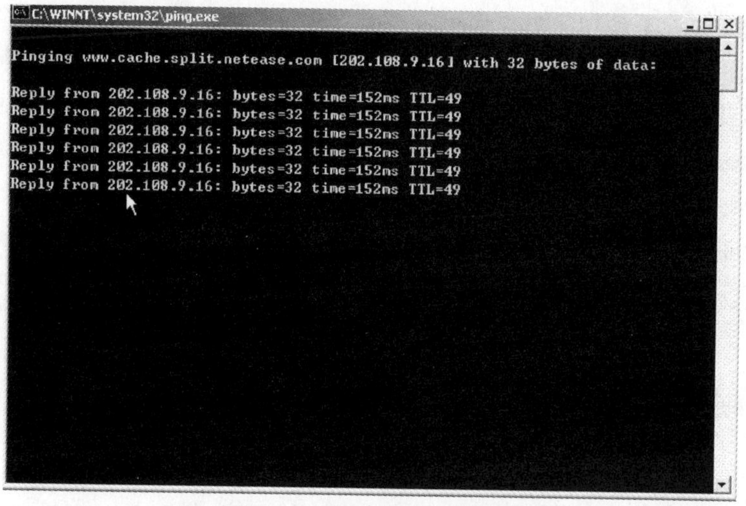

C:\WINNT\system32\ping.exe
Pinging www.cache.split.netease.com [202.108.9.16] with 32 bytes of data:
Reply from 202.108.9.16: bytes=32 time=152ms TTL=49
Reply from 202.108.9.16: bytes=32 time=152ms TTL=49
Reply from 202.108.9.16: bytes=32 time=152ms TTL=49
Reply from 202.108.9.16: bytes=32 time=152ms TTL=49
Reply from 202.108.9.16: bytes=32 time=152ms TTL=49
Reply from 202.108.9.16: bytes=32 time=152ms TTL=49

图 4-121　测试上互联网通否

小结：局域网共享上网最简单的方式就是使用代理技术。既可以使用硬件方式实现，也可以使用代理软件实现。用硬件代理器或路由器方式的优点是：上网速度快，网络稳定。缺点是：硬件成本较高。软件代理服务器方式的优点是：成本低。缺点是：上网速度慢，网络稳定性较差。

3.3　局域网内共享打印机

利用局域网共享可以实现硬件及软件的共享。在学校机房中，不可能每一台学生机都装有打印机，即使有那么多打印机也没有大空间去放置这些打印机。联网之后没有必要浪费大量资金去配置，完全可以通过局域网实现网络打印。

3.3.1　安装普通打印机（此例以 HP deskjet 3325 打印机为例

1）启动 Windows 2000 Server 到桌面，选择【开始→设置→打印机】，打开【打印机】文件夹，如图 4-122 所示。

2）【打印机】文件夹可以管理和设置现有的打印机，也可以添加新的打印机，双击【打印机和传真】图标，进入【打印机和传真】对话框，然后双击【添加打印机】图标，进入【添加打印机向导】如图 4-123 所示。

打印机

图 4-122　打印机

添加打印机向导
欢迎使用添加打印机向导
该向导帮助您安装打印机或连接打印机。
如果您有一个使用 USB 的即插即用打印机或可以热插端口，如 IEEE 1394 或红外线，您不必使用此向导。接上并打开打印机，Windows 会为您安装。
要进一步了解安装此类即插即用的打印机，请参阅打印机帮助。
要继续，请单击“下一步”。
< 上一步(B)
下一步(N) >
取消

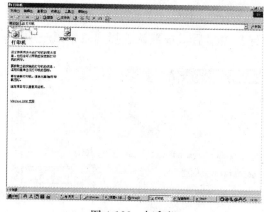

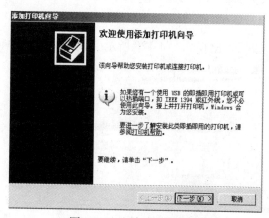

图 4-123　添加打印机向导

3）单击【下一步】按钮，出现如图所示窗口，如图 4-124 所示。

4）按默认选择【连接到这台计算机的本地打印机】，继续单击【下一步】，此时 Windows 开始搜索要安装的新的即插即用打印机，如图 4-125 所示。

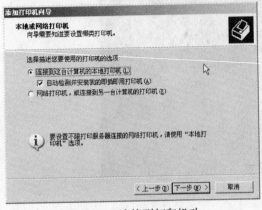

图 4-124　连接到打印机动

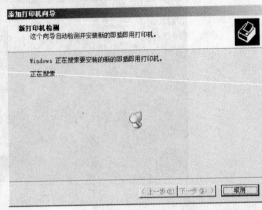

图 4-125　新打印机检测

5）Windows 搜索到要安装的新的即插即用打印机后，出现【找到新的硬件向导】窗口，如图 4-126 所示。

6）此时将 hp deskjet 3320 Series 打印机驱动程序光盘放入光驱，单击【下一步】按钮，Windows 开始搜索 hp deskjet 3320 Series 打印机驱动程序，如图 4-127 所示。

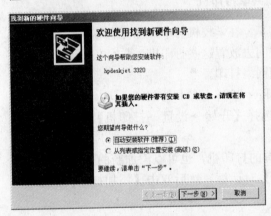

图 4-126　找到新的硬件向导

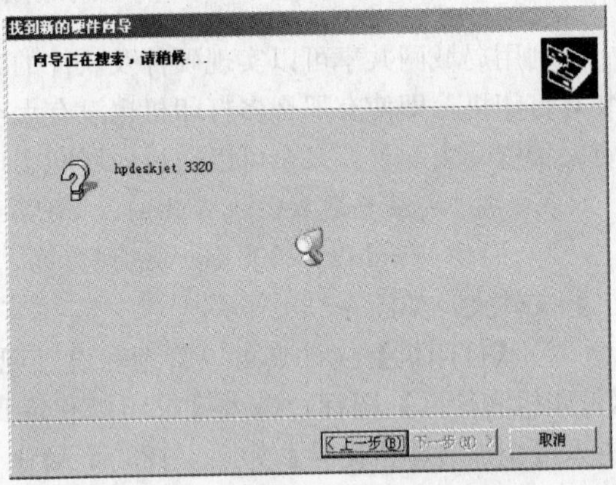

图 4-127　搜索打印机驱动程序

7）出现如图 4-128 所示【找到新的硬件向导】窗口后，按默认选择列表中第一项，

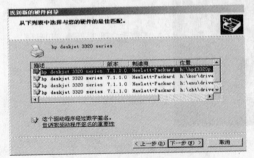

图 4-128　找到硬件匹配的软件

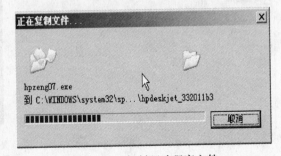

图 4-129　复制驱动程序文件

单击【下一步】按钮。

8）出现【正在复制文件】窗口，如图4-129所示。

9）hp deskjet 3320 series 打印机驱动程序安装完毕，出现如图4-130所示，单击【完毕】按钮。

10）进入【添加打印机向导】窗口，如图4-131所示，提示【要打印测试页吗?】，按默认选择【是（Y）】，然后单击【下一步】按钮。

图4-130　打印机驱动程序安装完毕

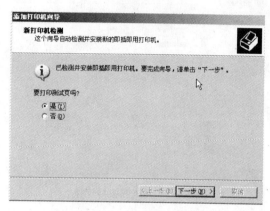

图4-131　打印测试页

11）打印测试页完毕后，出现【打印机添加向导】正在完成添加打印机向导，如图4-132所示，单击【完成】按钮。

12）回到【打印机和传真】窗口，如图4-133所示。通过图标，可以看到此窗口中已经安装了 hp deskjet 3320 series 打印机。

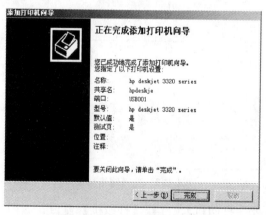

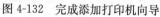

图4-132　完成添加打印机向导

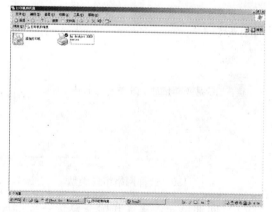

图4-133　打印机和传真窗口

3.3.2　共享打印机

要在局域网内共享打印机，局域网内的 Server 端、Clinet 端的在一个工作组内容易实现。因此，Server 端、Clinet 端均作相应设置，先要安装【Microsoft 网络的文件和打印机共享】组件，并安装【NWLinkIPX/SPX/NetBIOS Compatible Transport Protocol】局域网协议。

1）回到桌面，用右键单面【网上邻居】，在弹出菜单中选择【属性】，在弹出的【网络和拨号连接】属性窗口中，用右键单击【内网】，然后在弹出的菜单是选择【属性】，如图 4-134 所示。

2）在【内网属性】窗口中，勾选【Microsoft 网络的文件和打印机共享】，然后单击【安装】按钮，如图 4-135 所示。

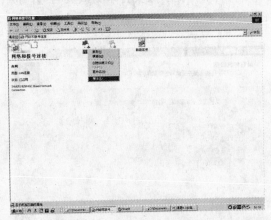

图 4-134　网络和拨号连接

图 4-135　内网属性

3）出现弹出的【选择网络组件类型】窗口，在其中选择【协议】后，单击【添加】按钮，如图 4-136 所示。

4）在弹出的【选择网络协议】窗口中选择【NWLinkIPX/SPX/NetBIOS Compatible Transport Protocol】，然后单击【确定】按钮，如图 4-137 所示。

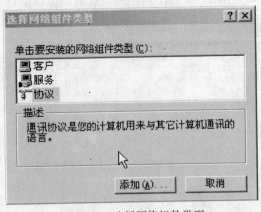

图 4-136　选择网络组件类型

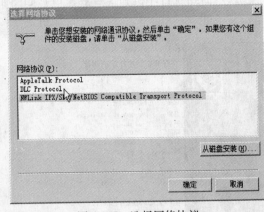

图 4-137　选择网络协议

5）回到桌面，从【开始→设置→控制面板→打印机】，打开【打印机】窗口，如图 4-138 所示。

6）用右键单击【hp deskjet 3320 series】图标，出现 hp deskjet 3320 series 属性对话窗口，如图 4-139 所示。

7）单击【共享】选项卡，选择【共享这台打印机】，并设置共享名为【hpdeskje】，然后单击【确定】按钮，如图 4-140 所示。

8）回到【打印机和传真】窗口，如图 4-141 所示，通过打印机共享图标，可以看到

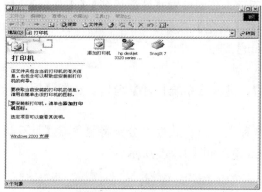

图 4-138　打印机窗口

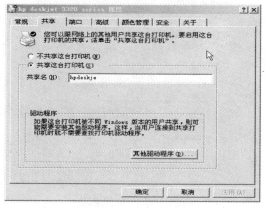

图 4-140　共享打印机

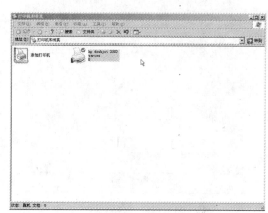

图 4-139　打印机属性

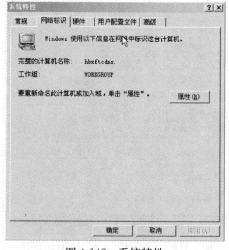

图 4-141　打印机共享图标

此窗口中已经共享了 hp deskjet 3320 series 打印机。至此，服务器端的打印机共享已经设置完成。

9）右键单击【我的电脑】，选择【属性】，出现【系统特性】对话框，选择【网络标识】选项卡，如图 4-142 所示，单击【属性】按钮。

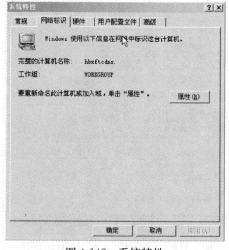

图 4-142　系统特性

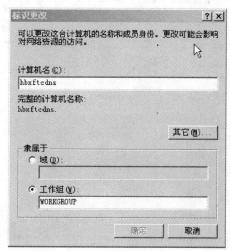

图 4-143　标识更改

10）在【标识更改】对话框，如图 4-143 所示，分别设置【计算机名】【工作组】，假设设置为【hbxftc-nc】【workgroup】，然后单击【确定】按钮。Client 端的【计算机名】可作类似设置，【工作组】也设置为【workgroup】。

3.3.3　配置 Clinet 网络打印及维护

1）用右键单击【我的电脑】，选择【属性】，进入【系统特性】窗口，选择【网络标识】选项卡，选择【属性】如图 4-144 所示。

2）进入【标识更改】窗口，设置计算机名和工作组。此处可分别将服务器【计算机名】【工作组】设为【hbxftc-server】【workgroup】，如图 4-145 所示。

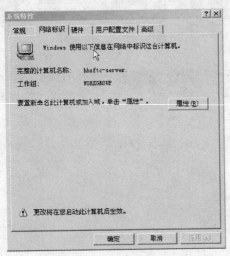

图 4-144　系统特性 　　　　　　　　　　　　　图 4-145　标识更改

3）回到桌面，用右键单面【网上邻居】，在弹出菜单中选择【属性】，在弹出的【网络和拨号连接】属性窗口中，用右键单击【本地连接】，然后在弹出的菜单是选择【属性】，如图 4-146 所示。

4）在【本地连接属性】窗口中，勾选【Microsoft 网络的文件和打印机共享】，然后单击【安装】按钮，如图 4-147 所示。

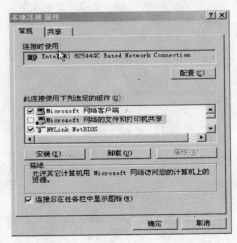

图 4-146　本地连接 　　　　　　　　　　　图 4-147　勾选网络的文件和打印机共享

5）出现弹出的【选择网络组件类型】窗口，在其中选择【协议】后，单击【添加】按钮，如图 4-148 所示。

6）在弹出的【选择网络协议】窗口中选择【NWLinkIPX/SPX/NetBIOS Compatible Transport Protocol】，然后单击【确定】按钮，如图 4-149 所示。

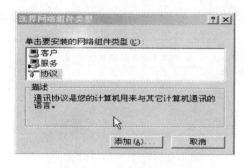

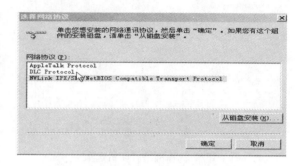

图 4-148　选择网络组件类型　　　　　　　　　图 4-149　选择网络协议

7）局域网内 Clinet 端，从【开始→设置→打印机】，打开【打印机】文件夹，如图 4-150 所示。

8）出现【添加打印机向导】对话框，如图 4-151 所示，单击【下一步】按钮。

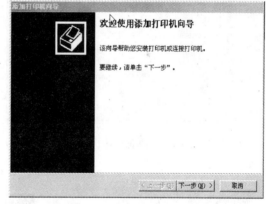

图 4-150　打印机文件夹　　　　　　　　　　图 4-151　添加打印机向导

9）在【添加打印机向导】的【本地打印机】【网络打印机】选项中，选择【网络打印机】，然后单击【下一步】按钮，如图 4-152 所示。

10）【添加打印机向导】开始查找打印机，如图 4-153 所示，单击【下一步】按钮。

11）【添加打印机向导】查找到网络打印机后，出现如图 4-154 所示【浏览打印机】窗口。

12）从【浏览打印机】窗口中选择 Server 端计算机名【XFTC-NC】，如图 4-155 所示，继续单击【下一步】按钮。

13）从【XFTC-NC】中选择 Server 端打印机的名字【hpdeskje】，如图 4-156 所示，然后单击【下一步】按钮。

14）如图 4-157 所示，在提示【是否希望将这台打印机设置为 Windows 应用程序打印机默认打印机？】的选项中选择【是（Y）】，然后单击【下一步】按钮。

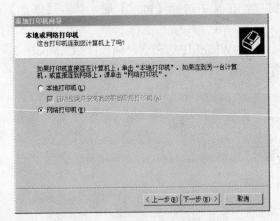

图 4-152　选择网络打印机选项

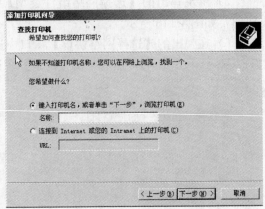

图 4-153　查找网络打印机

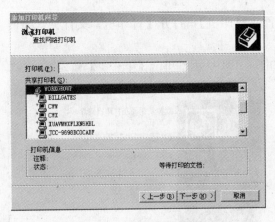

图 4-154　浏览打印机窗口

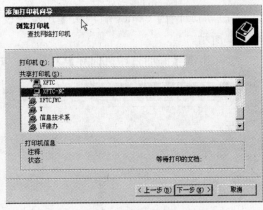

图 4-155　选择 Server 端计算机名

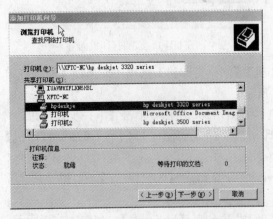

图 4-156　选择 Server 端打印机名

图 4-157　设置默认打印机

15）出现如图 4-158 所示，【添加打印机向导】正在完成 hp deskjet 3320 series 打印机安装。

114

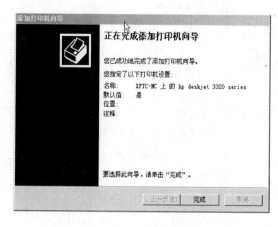

图 4-158 完成打印机安装   图 4-159 打印机共享图标

16）如图 4-159 所示，可以看到在【打印机】窗口增加了一个【HP deskjet 3320 series 打印机】图标，此时这个 Cient 端网络打印机安装完成。其他要共享此打印机的 Cient 端作与此同样设置即可。

小结：要在局域网内共享打印机，分为两步：首先在局域网内的一台计算机上本地安装打印机。第二在局域网内其他计算机上通过网络安装打印机。

思考题与习题

一、选择题（答案唯一）

1. 下列协议中，（   ）是互联网上使用的网络协议。

A. TCP/IP 协议   B. SPX/IPX   C. NetBEUI   D. AppleTalk

2. 下列因素中，（   ）不是机房外部场地（环境）安全方面的内容。

A. 空气含尘浓度   B. 无线电干扰场强

C. 机房温度/湿度/照度   D. 机房建筑结构/地板承重

3. 下列不属于机房接地安全的是（   ）。

A. 交流工作接地   B. 计算机系统的弱电接地

C. 保护接地和防雷保护接地   D. 交流电零线

4. 下列不属于信息安全的是（   ）。

A. 信息设备安全   B. 数据安全

C. 磁光电介质安全   D. 网络安全

E. 软件安全   F. 人员安全

5. 下列不属于信息安全的是（   ）。

A. 信息设备安全   B. 数据安全

C. 磁光电介质安全   D. 网络安全

E. 软件安全   F. 人员安全

6. 不属于机房防雷范畴的是（   ）。

A. 机房建筑物防雷　　　　　　　　　　B. 强电防雷

C. 网络设备及网络信号及其他弱电信号防雷　　D. 加装 UPS

7. 路由器工作在 OSI/RM 七层（　　）层次。

A. 物理层　　　　B. 数据链路层　　　　C. 网络层　　　　D. 应用层

8. 安装服务器时，通常将各分区格式定为（　　）格式。

A. FAT　　　　　B. NTFS　　　　　　C. FAT32　　　　D. 其他

9. 作 NAT 时，会涉及到四种 IP 地址，下列（　　）不属于这四种 IP 地址？

A. Inside Local IP address　　　　　　B. Inside Global IP address

C. Outside Global IP address　　　　　D. Private IP address

10. 下列（　　）不属于 NAT 转换种类。

A. 静态 NAT　　　　B. 动态 NAT　　　　C. NAPT　　　　D. DHCP

二、是非题

1. 用双网卡代理服务器时，使用 Windows 自带的连接共享（ICS）时，就把内网的网卡连接属性设置成"启用共享连接"。（　　）

2. 网络机房只能实现文件和目录共享，不能实现共享打印机和局域网 WWW、FTP。（　　）

3. 共享打印机就是真正的网络打印机。（　　）

4. 用硬件代理上网一般软件代理方式上网速度快。（　　）

5. 机房选址时不能选在矿区和气候恶劣或有化学腐蚀气体的地方。（　　）

三、填空题

1. 机房安全包括＿＿＿＿、＿＿＿＿、＿＿＿＿、＿＿＿＿、＿＿＿＿、＿＿＿＿、＿＿＿＿几个方面。

2. 代理上网网有＿＿＿＿、＿＿＿＿方式。

3. 机房雷电一般有＿＿＿＿、＿＿＿＿，机房防雷就该从＿＿＿＿、＿＿＿＿、＿＿＿＿等几个方面防雷。

4. 机房综合布线主要有＿＿＿＿、＿＿＿＿、＿＿＿＿等方面的布线。

5. 测试工作站 192.168.0.2 到服务器 192.168.0.1 网络是否连通，应启用测试网络连通的一条＿＿＿＿命令。

6. 互联网上使用的协议有＿＿＿＿，局域网使用的协议有＿＿＿＿；以太网用的协议有＿＿＿＿等，＿＿＿＿是为小型的，单个服务器网络协议。

7. 中继器工作 OSI 第＿＿＿＿层，HUB 工作 OSI 第＿＿＿＿层，交换机工作在 OSI 第＿＿＿＿层，路由器工作在 OSI 第＿＿＿＿层。

四、简答及实训题

1. 如何进行机房选取址？

2. 机房装修主要包括哪些方面？

3. 如何在局域网中设置文件共享？

4. 试在局域网中共享打印机。

5. 用一台路由器设置局域网代理上网，假设公网 IP 为 59.68.226.80，子网掩码为 255.255.255.0，网关为 59.68.226.254，路由器中应如何设置？

6. 试用一台计算机安装代理软件作机房代理上网，并分析比较用硬件作代理服务器与用代理软件作代理服务器各自的优缺点。

7. 什么是 NAT 和 NAPT？为什么要用 NAT 和 NAPT？

8. 用一台路由器设置局域网代理上网，假设公网 IP 为 59.68.226.80，子网掩码为 255.255.255.0，网关为 59.68.226.254，路由器中应如何设置，可以让局域网内计算机自动获取地址？

9. 应从哪些方面选购宽带路由器？

单元 5　局域网的维护

知 识 点：局域网常见故障与排除，网络安全。

教学目标：教学生学会识别和排除局域网常见故障的方法，并能够使用相应技术加强网络安全。

随着办公自动化的深入，进行微机互联的单位越来越多，如何组建一个经济、实用的局域网已成为热门话题。自然而然地，网络的维护也随之成了一个热点问题。在单位小型局域网的使用过程中，常常会出现"不通"现象，也许是其中几台机器无法联通（通信），也许是整个网络无法工作。局域网的维护主要是对网络硬件、软件、安全的维护，以保证网络的畅通，各类共享的正确设置，网络布线，路由器交换机、网卡、电脑、打印机硬件设备的正确连接。最关键就是网络可以用，共享可以进行。

🎓 小知识：局域网故障主要有哪些？

（1）软件故障，主要是网络管理系统问题或系统设置有误等造成的。

（2）硬件故障，在局域网的组建和使用过程中，用户经常会遇到因硬件设备（传输介质、网卡、集线器、交换机）发生故障而造成网络无法正常运行的情况。

课题 1　软件故障排除

在排除局域网中的故障的时候，首先要认真考虑一下出现故障的原因，以及应当从哪里开始着手一步一步地进行分析和排除，甚至要在纸上画出一些流程图来帮助排查网络中的故障。

⚜ 小技巧：在排查局域网中的故障时，应注意哪几个方面？

（1）识别故障的现象。

（2）故障现象的描述。

（3）列举可能出现故障的原因。

（4）缩小搜索的范围。

（5）隔离查找出来的故障。

（6）对故障进行分析。

1.1　在"网上邻居"中无法显示其他计算机

故障原因：可能你的计算机不在相应的工作组中；可能要查找的计算机不可用；可能

你的计算机是未安装必要的网络组件；可能未登录到正确的域中等。

处理方法如下：

第一步　确认你的计算机在相应的工作组中。打开桌面上的"网上邻居"图标，如图 5-1 所示。

注：此图是在网络机房教师机上截取得，所以"网上邻居"图中显示有教师机 11。后面的图中也是这种情况。

在"网上邻居"窗口中，打开"整个网络"，将显示你的计算机，如图 5-2 所示。

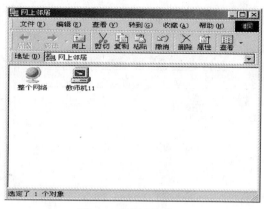

图 5-1　打开网上邻居

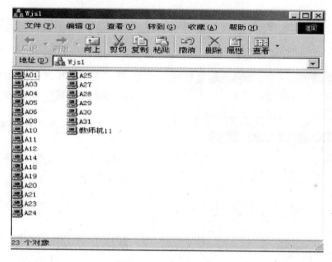

图 5-2　显示整个网络

第二步　如果计算机所在的工作组设置不正确，打开"网上邻居"时就看不到所需的计算机，如图 5-3 所示。

在"网络"属性框中的"标识"标签中，可以更改工作组的设置，如图 5-4 所示。

第三步　确认要查找的计算机是否可用，是否已经连接并登录到了网络上。

第四步　在图 5-1 中单击鼠标右键，在弹出的快捷菜单中，单击属性，如图 5-5 所示。确认你的计算机是否安装了必要的网络组件，如果你的计算机没有安装正确的网络客户、适配器和协议组件，将不能与网络通信。

第五步　在图 5-5 "网络"属性框的"配置"选项卡中可以查看已安装的网络组件。

第六步　检测网络电缆与网络适配卡之间的连接是否可靠。如果"网上邻居"窗口中显示有"整个网络"的图标，如图 5-1 所示，但没有显示网络计算机，如图 5-3 所示，则网线与网络适配卡之间的连接可能不正确。

第七步　如果没有登录到正确的 Microsoft NT 域中，那么当前计算机只能登录到 Windows 98 网络中，但是无法与基于 NT 的 Microsoft 网络连接。在"网络"属性框中选择"配置"选项卡，如图所示，双击列表中的"Microsoft 网络用户"组件，检查是否

图 5-3　打开网上邻居

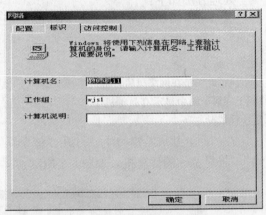

图 5-4　选择网络标识标签

图 5-5　弹出网络配置

已选中"登录到 Microsoft NT 域",以及"Windows NT 域"下的域名是否正确。

1.2　网络上文件和打印机无法共享

故障原因:可能未安装文件和打印机共享服务组件,也有可能安装了文件和打印机共享服务组件,但未启用文件或打印机共享服务。

故障处理方法如下:

第一步　确认是否安装了打印机和文件共享服务组件。要共享本机上文件或打印机,必须安装"Microsoft 网络上的打印机和文件的共享"或"Netware 网络上的文件与打印机共享"服务。在"网络"属性框中的"配置"选项卡中可以检查是否安装了共享服务组件。

第二步　确认是否启用了文件或打印机共享服务。安装了共享服务组件后,必须启用服务才能使本机具备共享资源的能力。在"网络"属性框中选择"配置"选项卡,单击"文件与打印机共享"按钮,然后选择"允许其他用户访问我和文件"或者"允许其他计算机使用我的打印机"如图 5-6 所示选项,即可启用共享服务。

1.3　网络上其他计算机无法与我的计算机连接

故障原因:可能是安装的网络客户软件和协议不适合所连接的网络,还可能是未安装或未启用文件和打印共享服务。也有可能是 Windows 98 未登录正确的域中。

故障处理方法如下:

1）确认所安装的网络客户软件和协议是否适合连接的网络。

2）是否安装并启用了文件和打印共享服务。

3）确认是否将 Windows 98 登录到正确的域中。

如果没有登录到正确的 Microsoft NT 域中，那么当前计算机只能登录到 Windows 98 网络中，但是无法与基于 NT 的 Microsoft 网络连接。在"网络"属性框中选择"配置"选项卡，双击列表中的"Microsoft 网络用户"组件，检查是否已选中"登录到 Microsoft NT 域"复选框，以及"Windows NT 域"下的域名是否正确。如图 5-7 所示。

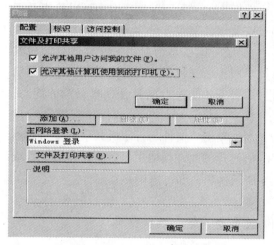

图 5-6 设置文件与打印机共享

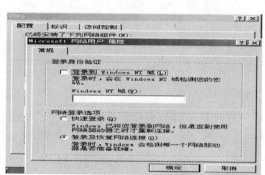

图 5-7 网络用户属性

1.4 无法登录网络

故障原因：检查计算机上是否安装了网络适配器，该网络适配器工作是否正常；确认网络适配器的中断和 I/O 地址是否与其他硬件冲突。

处理方法如下：

1）检查计算机上是否安装了网络适配器，该网络适配器工作是否正常。只有正确安装网络适配器并配置驱动程序之后，才能通过 Windows 与网络连接。

2）确认网络适配器的中断和 I/O 地址是否与其他硬件冲突。如果发生了冲突，可以按照上述方法解决冲突。

3）在"网络"属性框中"配置"选项卡中双击已安装的网络适配器列表中的网络适配器。在适配器属性框的"高级"选项中检查设置的"值"如图 5-8 所示是否与所用网线类型匹配。

1.5 网络上打印机和文件无法共享

故障原因：确认是否安装了打印机和文件共享服务组件；确认是否启用了文件

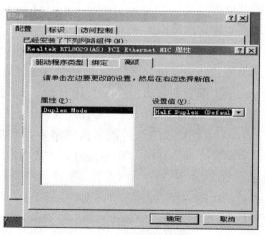

图 5-8 设置网络适配器

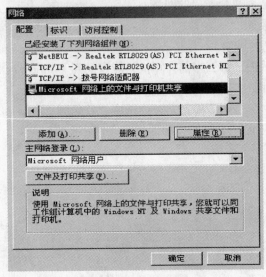

图 5-9 启用共享服务

或打印机共享服务。

处理方法如下：

1) 确认是否安装了打印机和文件共享服务组件。要共享本机上文件或打印机，必须安装"Microsoft 网络上的打印机和文件的共享"或"Netware 网络上的文件与打印机共享"服务。在"网络"属性框中的"配置"选项卡中可以检查是否安装了共享服务组件。

2) 确认是否启用了文件或打印机共享服务。安装了共享服务组件后，必须启用服务才能使本机具备共享资源的能力。在"网络"属性框中选择"配置"选项卡，单击"文件与打印机共享"按钮，然后选择"允许其他用户访问我和文件"或者"允许其他计算机使用我的打印机"如图 5-9 所示选项，即可启用共享服务。

课题 2 硬件故障排除

小知识：硬件故障多数是什么引起的？

硬件故障是常见的网络故障中的一个重要方面，一般是由网卡、集线器、传输介质等引起的。

2.1 安装网卡后启动很慢

安装了网卡后，计算机启动时，开机的画面在屏幕上停留的时间变长了，画面上的进度指示停止了，硬盘也停止了转动，机箱后的网卡指示灯闪烁个不停，好长时间才进入系统的"桌面"。

产生这种故障原因：原来安装完网卡后，Windows 系统给网卡配置默认的网络协议是 TCP/IP，使用 TCP/IP 协议，就必须给这块网卡设置 IP 地址，用来确定这台计算机在网络上的"合法身份"，以便同网络上其他计算机进行相互的通信。设置 IP 地址的方法有两种：手工配置和自动获得一个 IP 地址。此时系统的默认设置是自动获得一个 IP 地址。这项重要的任务是 DHCP（Dynamic Host Configuration Protocol）服务器来完成的。Windows 98 在启动时通过网卡向网络发送广播请求，来搜索 DHCP 服务器，一遍一遍的，直到发生网络超时（Timeout），才放弃搜索，进入系统的"桌面"，难怪启动时间变长了。

故障排除方法：

1) 如果利用这个网络仅仅进行文件和打印机的共享服务，那么可以新添加一个 Net-BEUI 协议，删除 TCP/IP 协议。因为 NetBEUI 协议是微软公司开发的基于小型网络的通信协议，工作在同一网段里，是最快的一种通信协议。具体的方法：用鼠标右键单击"网上邻居"，选择"属性"，打开"网络"设置窗口如图 5-9 所示。

选择安装好的网卡名，单击"添加"按钮，在"请选择网络组件类型"窗口中，选择"协议"，如图 5-10 所示。

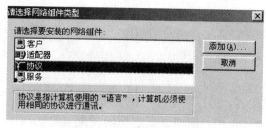

图 5-10 选择网络组件类型

在"选择网络协议"窗口中，在左边的"厂商"栏中选择"Microsoft"，在右边的"网络协议"栏中选择"NetBIOS"，如图 5-11 所示单击"确定"按钮，返回"网络"设置窗口，将绑定 TCP/IP 协议的网卡删除，重新启动计算机就行了。

2）如果除了要使用上述的服务外，还要用 www、ftp 等基于 TCP/IP 协议的服务时，你可以使用手工配置的方法为网卡设置 IP 地址，从而避免 Windows 在启动进搜索 DHCP 服务器。设置过程如下：打开"网络"设置窗口，选择绑定了 TCP/IP 协议的网卡，单击"使用下面的 IP 地址"，如图 5-12 所示。

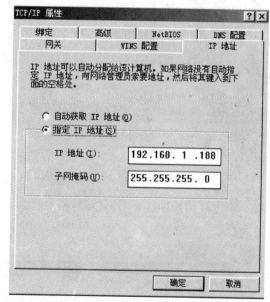

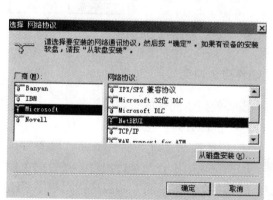

图 5-11 删除 TCP/IP 协议　　　　　图 5-12 设置 IP 地址

在 IP 地址栏中填入 IP 地址。假如本网络上的计算机没有与 Internet 连接，那么 IP 地址可以随意设置，比如：192.168.1.1，子网掩码为 255.255.255.0。其他计算机的 IP 地址依次为：192.168.1.2、192.168.1.3 等以此类推，子网掩码均为 255.255.255.0。但注意的是设置 IP 地址时，一定要保证与其余的计算机位于同一网段上（这个实例中网段号为：192.168.1），否则该网络上的计算机无法进行相互的通信。如果要连上 Internet，一定要按照 ISP 提供的 IP 地址进行设置。

2.2 网卡无法安装

产生故障原因：计算机中网络适配卡的物理安装是否正确。

故障处理方法：

1）检查计算机中网络适配卡的物理安装是否正确。确定网络适配卡或插槽工作是否正常，适配卡是否正确插入插槽。

2）运行"添加新硬件"向导，安装适配器。如果"添加新硬件"向导检测不到网络适配器，可以尝试将适配卡移到其他插槽中。如图5-13所示。

3）在"网络"属性框的"配置"选项卡中双击已安装的网络适配器列表中的网络的适配器，在适配器属性框中"高级"选项中检查"属性"设置的"值"是否与所用网线类型匹配；在"资源"选项卡中检查是否与网络适配器应用和设置匹配。如果不能确定该网络适配器应使用哪些设置，请单击"配置类型"框中的"已检测配置"。如图5-14所示。

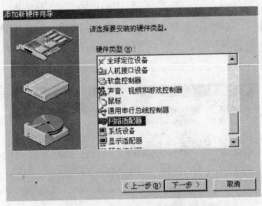

图5-13　检测网络适配器

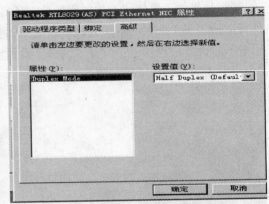

图5-14　设置配置类型

2.3　网上与其他硬件资源冲突

产生故障原因：查看网络适配器可能与其他设备使用了同样的资源设置。

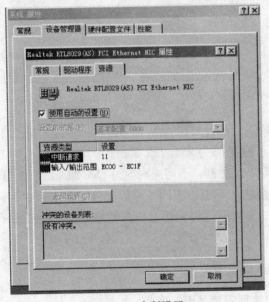

图5-15　中断设置

故障处理方法：

1）在"系统"属性框的"设备管理器"选项卡中查找旁边出现感叹号的黄圈的网络适配器项目。项目旁边出现了带表明该网络适配器可能与其他设备使用了同样的资源设置。双击网络适配器项目，在网络适配器的属性的"资源"选项中进行修改。更改网络适配器的中断和I/O地址，避免与其他硬件冲突，通常可以将中断设置为IRQ5、IRQ7、IRQ11。如图5-15所示。

2）如果使用即插即用的网络适配卡，可以使用制造商提供的安装盘将即插即用型设置为路线型，手动设置网络适配卡的中断和I/O地址。

2.4 网卡工作不正常

故障现象：一块 PCI 总线的 10Mbps/100Mbps 自适应网卡 3COM905B，无论在 Windows 98，还是在 Windows NT 中工作都不正常。主要表现在网络时断时续，不管是 Ping 自己的 IP 地址，还是 Ping 对方的 IP 地址，都有这种情况发生。查看网卡的指示灯，发生时灭时亮，而且交替过程很不均匀。与该网卡连接的 HUB 所对应的端口出现了同样的现象。

故障处理方法：根据故障现象，开始怀疑是 HUB 的连接端口出现故障，于是将该网上接到其他的工作正常的端口上，结果发现问题依然如故，说明 HUB 没有问题，再用网卡随盘附带的测试程序查看网卡的有关参数，其 IRQ 值为 5。然后返回到 Windows 98 操作系统，查看操作系统分配给网卡的参数值，其 IRQ 值同样为 5，其结果是网卡自身所拥有的 IRQ 值与操作系统分配的相同。后来以怀疑是安装该网卡的主板插槽有故障，所以打开机箱，换了几个 PCI 插槽，出现的问题。查到这里，只能确定故障出在网卡上，可能是网上坏了。为了进一步证明，又接二连三换了几块网卡，问题照样存在。这时忽然想起了 CMOS 参数设置。重新启动计算机，进入 CMOS 状态，选择 "PNP/PCI CONFIG-URATION" 一项，发现 IRQ5 后面的状态为 "Legacy ISA"（保留的 ISA 总线设备）。估计问题就出在这里，原来系统将 IRQ5 分配给了系统保留 ISA 总线设备，而我们使用的却是 PCI 总线的网卡，结果导致网卡无法正常工作。当将 IRQ5 后面的状态改为 "PCI/ISA PnP" 后，网卡的工作一切工作正常。

2.5 集线器常见故障

（1）集线器在 100Mbps 网络中的应用故障

故障现象：在通过 HUB 的进行级联时，当距离超出一定范围时，网络无法连通。

故障处理方法：在 10Mbps 网络中最多可级联四级，使网络在传输距离达到 600m。但当网络从 10Mbps 升到 100Mbps 或新建一个 100Mbps 的局域网时，如果采用普通的方法对 100Mbps 的 HUB 进行连接，将使局域网无法正常工作，因为，在 100Mbps 网络中只允许对两个 100Mbps 的 HUB 进行级联，而且两个 100Mbps 的 HUB 之间的连接距离不能超过 5m，所以 100Mbps 局域网在使用 HUB 时最大距离为 205m，如果实际连接距离不符合以上要求，网络就无法连接。

（2）集线器在进行级联时的应用故障

故障现象：某单位在进行组建局域网时，使用了两个 16 口的 10Mbps 共享式集线器，所有计算机通过 HUB 与总机房的 HUB 相连。其中 HUB1 通过级联端口连接到 HUB2 的第 16 个端口上，HUB2 通过级联端口连接到总机房的 HUB 上，其他端口分别连接工作站。整个工作站作用静态 IP 地址，其值分别为 192.168.1.2/192.168.1.3……依次类推，192.168.1.1 分配给服务器使用，每台计算机的子网掩码全部为 255.255.255.0。在正式连接服务器前每设置一台工作站，都使用 Ping 命令进行测试，结果全部都能通，而且 HUB1 所连接的工作站全部也能 Ping 通 HUB2 所连接的工作站。但是，当连入了服务器后，只有 HUB2 所连接的工作站能够登录服务器，而 HUB1 所连接的工作站无法登录，也 Ping 不通服务器的 IP 地址。

故障处理方法：通过观察计算机上网卡的指示灯，以及两个 HUB 上各端口的指示灯，除发现 HUB2 的第 16 个端口与 HUB1 的级联端口对应的指示灯不亮处，所有网卡和其他端口的指示灯均亮，说明计算机与 HUB 之间的连接均正常，因此问题极可能出在 HUB1 的级联端口与 HUB2 的第 16 个端口上。按此推理，开始怀疑在 HUB1 的级联端口和 HUB2 的第 16 个端口中至少有一个端口是坏的。为了进一步确认，将两个 HUB 的位置进行调换，但结果还是一样。接下来试着把连接 HUB1 级联端口的双绞线插在 HUB2 的另外一个普通端口上，结果问题解决了，网络中所有工作站都能与服务器连通，而且两个 HUB 所连接的工作站都能相互 Ping 通。

从此可以看出，有些 HUB 的级联端口和与之紧靠的一个端口不是独立的两个端口，而应属于同一个端口。以前的许多 HUB 是使用了一个拨动开关在两个端口之间进行级联端口的选择，而在随后推出的产品中却省了这个开关，但如果将其中一个端口作为级联端口作用，另外端口将无效。

2.6 传输介质类故障

（1）故障现象：网上邻居中看不到任何用户名称

故障处理方法：如果在【网上邻居】中看不到任何用户的计算机名，可能是网卡的安装和设置不正确。此时，用户可在 Windows 操作系统中通过选择【开始→设置→控制面板→系统→设备管理器】，在列表框中找到网卡后单击"属性"如图 5-16 所示按钮。在出现的对话框中看网卡与系统中的其他设备是否发生冲突，如图 5-17 所示，如果发生冲突则在【网上邻居】中看不到任何计算机的名称，如图 5-3 所示。

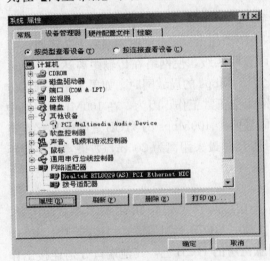

图 5-16　检测硬件

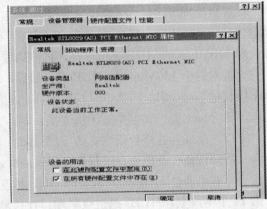

图 5-17　检测网络适配器

（2）故障现象：因网线过长网络的稳定性很差

故障分析：双绞线的标准连接长度一直被确定为 100m，但在 5 类和超 5 类双绞线投入市场后，一些网络设备制造商在自己产品的宣传资料中称自己的双绞线或 HUB 实际的连接距离可以超过 100m，一般能够达到 130～150m 左右。从理论上讲，确实有一些公司的双绞线可以在超过 100m 的状态下工作，同时最高能够达到 100～155Mbps 的最高数据传输率，如美国通贝等。但值得注意的是，即使一些双绞线能够在大于 100m 的状态下工作，但通信能力将会大打折扣，甚至可能会影响网络的稳定性，一定要慎用。

课题 3　局域网安全知识

有了四通八达的网络系统之后，我们虽然能够及时享受到它给我们带来的各种便利，但同时也应该意识到网络的脆弱性。由于整个网络中的计算机是连接在一起的，如果其中一台计算机感染了病毒或者被外界控制，那么会影响到所有的计算机，这时整个网络的安全就会受支威胁。

3.1　网　络　病　毒

（1）什么是网络病毒

病毒本身已是令人头痛的问题。但随着 Internet 开拓性的发展，网络病毒出现了，它是在网络上传播的病毒，为网络带来灾难性后果。

小知识：病毒传染渠道，病毒工作过程。

1. 传染渠道通常有四种：①通过软盘；②通过硬盘；③通过网络；④通过 U 盘。

2. 计算机病毒的完整工作过程应包括以下几个环节：①传染源；②传染媒介；③病毒激活；④病毒触发；⑤病毒表现；⑥传染。

网络病毒的来源主要有两种：

一种威胁是来自文件下载。这些被浏览的或是通过 FTP 下载的文件中可能存在病毒。而共享软件（public shareware）和各种可执行的文件，如格式化的介绍性文件（formatted presentation）已经成为病毒传播的重要途径。并且，Internet 上还出现了 Java 和 Active X 形式的恶意小程序。

另一种主要威胁来自于电子邮件。大多数的 Internet 邮件系统提供了在网络间传送附带格式化文档邮件的功能。只要简单地敲敲键盘，邮件就可以发给一个或一组收信人。因此，受病毒感染的文档或文件就可能通过网关和邮件服务器涌入网络。

（2）网络病毒的防治

网络病毒防治必须考虑安装病毒防治软件。

安装的病毒防治软件应具备四个特性：

集成性：所有的保护措施必须在逻辑上是统一的和相互配合的。

单点管理：作为一个集成的解决方案，最基本的一条是必须有一个安全管理的聚焦点。

自动化：系统需要有能自动更新病毒特征码数据库和其他相关信息的功能。

多层分布：这个解决方案应该是多层次的，适当的防毒部件在适当的位置分发出去，最大限度地发挥作用，而又不会影响网络负担。防毒软件应该安装在服务器工作站和邮件系统上。

（3）病毒防治软件安装位置

工作站是病毒进入网络的主要途径，所以应该在工作站上安装防病毒软件。这种做法是比较合理的。因为病毒扫描的任务是由网络上所有工作站共同承担的，这使得每台工作站承担的任务都很轻松，如果每台工作站都安装最新防毒软件，这样就可以在工作站的日常工作中加入病毒扫描的任务，性能可能会有少许下降，但无需增添新的设备。

邮件服务器是防病毒软件的第二个着眼点。邮件是重要的病毒来源。邮件在发往其目的地前，首先进入邮件服务器并被存放在邮箱内，所以在这里安装防病毒软件是十分有效的。假设工作站与邮件服务器的数量比是 100：1，那么这种做法显而易见节省费用。

备份服务器是用来保存重要数据的。如果备份服务器也崩溃了，那么整个系统也就彻底瘫痪了。备份服务器中受破坏的文件将不能被重新恢复使用，甚至会反过来感染系统。避免备份服务器被病毒感染是保护网络安全的重要组成部分，因此好的防病毒软件必须能够解决这个冲突，它能与备份系统相配合，提供无病毒的实时备份和恢复。

网络中任何存放文件和数据库的地方都可能出问题，因此需要保护好这些地方。文件服务器中存放企业重要的数据。在 Internet 服务器上安装防病毒软件是头等重要的，上传和下载的文件不带有病毒对你和你客户的网络都是非常重要的。

（4）防病毒软件的部署和管理

部署一种防病毒的实际操作一般包括以下步骤：

1）制定计划：了解在你所管理的网络上存放的是什么类型的数据和信息。

2）调查：选择一种能满足你的要求并且具备尽量多的前面所提到的各种功能的防病毒软件。

3）测试：在小范围内安装和测试所选择的防病毒软件，确保其工作正常并且与现有的网络系统和应用软件相兼容。

4）维护：管理和更新系统确保其能发挥预计的功能，并且可以利用现有的设备和人员进行管理；下载病毒特征码数据库更新文件，在测试范围内进行升级，彻底理解这种防病毒系统的重要方面。

5）系统安装：在测试得到满意结果后，就可以将此种防病毒软件安装在整个网络范围内。

（5）常用防病毒软件

目前流行的几个国产反病毒软件几乎占有了 80％以上的国内市场，其中江民 KV3000、信源 VRV、金辰 KILL、瑞星 RAV 四个产品更是颇具影响。近几年国外产品陆续进入中国，如 NAI、ISS、CA 等。下面介绍一下 NAI 的防病毒软件：NAI（美国网络联盟）是世界第五大独立软件公司、全球最大的网络安全与管理的专业厂商之一。NAI 以其成熟领先的技术、合理的价格为银行、电信、证券、税务、交通、能源等重点行业企业提供全面完整的网络安全解决方案。

NAI 的防病毒软件占有国际市场上超过 60％的份额。它可以提供适合于各类企业网络及个人台式机的全面的防病毒解决方案 TVD。这个解决方案包括四个套装软件，第一个套装软件叫 Virus Scan，它是一个高级桌面反病毒解决方案；第二个套装软件叫 Netshield，它是高级的服务器级反病毒解决方案。它可以提供对企业的基于 NT、Netware、Unix 的文件服务器或应用程序服务器的保护，第三个套件 Groupshield 提供基于 Microsoft Exchange 和 Lotus Notes 的群件服务器的保护；同时也包括 Distribution Console（分发控制台）的全部功能；第四个套装软件叫 Webshield，它是一个高级的 IN-TERNET 网关的反病毒解决方案。它可以提供对基于 SMTP 的电子邮件中病毒的清除，对 HTTP/FTP 代理服务器的保护，对恶意 JAVA 和 Activ eX 小程序的检查；TVD 中同时也包括有 Distribution Console（分发控制台）和监控功能的管理平台。

3.2　网络病毒防护

（1）什么是网络黑客

提起黑客，总是那么神秘莫测。在人们眼中，黑客是一群聪明绝顶，精力旺盛的年轻人，一门心思地破译各种密码，以便偷偷地、未经允许地打入政府、企业或他人的计算机系统，窥视他人的隐私。那么，什么是黑客呢？

首先我们来了解一下黑客的定义——黑客是那些检查（网络）系统完整性和完全性的人。黑客（hacker），源于英语动词 hack，意为"劈，砍"，引申为"干了一件非常漂亮的工作"。在早期麻省理工学院的校园俚语中，"黑客"则有"恶作剧"之意，尤指手法巧妙、技术高明的恶作剧。在日本《新黑客词典》中，对黑客的定义是"喜欢探索软件程序奥秘，并从中增长了其个人才干的人。他们不像绝大多数电脑使用者那样，只规规矩矩地了解别人指定了解的狭小部分知识。"由这些定义中，我们还看不出太贬义的意味。他们通常具有硬件和软件的高级知识，并有能力通过创新的方法剖析系统。"黑客"能使更多的网络趋于完善和安全，他们以保护网络为目的，而以不正当侵入为手段找出网络漏洞。

另一种入侵者是那些利用网络漏洞破坏网络的人。他们往往做一些重复的工作（如用暴力法破解口令），他们也具备广泛的电脑知识，但与黑客不同的是他们以破坏为目的。这些群体成为"骇客"。当然还有一种人兼于黑客与入侵者之间。

一般认为，黑客起源于 20 世纪 50 年代麻省理工学院的实验室中，他们精力充沛，热衷于解决难题。20 世纪 60、70 年代，"黑客"一词极富褒义，用于指代那些独立思考、奉公守法的计算机迷，他们智力超群，对电脑全身心投入，从事黑客活动意味着对计算机的最大潜力进行智力上的自由探索，为电脑技术的发展做出了巨大贡献。正是这些黑客，倡导了一场个人计算机革命，倡导了现行的计算机开放式体系结构，打破了以往计算机技术只掌握在少数人手里的局面，开创了个人计算机的先河，提出了"计算机为人民所用"的观点，他们是电脑发展史上的英雄。现在黑客使用的侵入计算机系统的基本技巧，例如破解口令（password cracking），开天窗（trapdoor），走后门（backdoor），安放特洛伊木马（Trojan horse）等，都是在这一时期发明的。从事黑客活动的经历，成为后来许多计算机业巨子简历上不可或缺的一部分。例如，苹果公司创始人之一乔布斯就是一个典型的例子。

在 20 世纪 60 年代，计算机的使用还远未普及，还没有多少存储重要信息的数据库，也谈不上黑客对数据的非法拷贝等问题。到了 20 世纪 80、90 年代，计算机越来越重要，大型数据库也越来越多，同时，信息越来越集中在少数人的手里。这样一场新时期的"圈地运动"引起了黑客们的极大反感。黑客认为，信息应共享而不应被少数人所垄断，于是将注意力转移到涉及各种机密的信息数据库上。而这时，电脑化空间已私有化，成为个人拥有的财产，社会不能再对黑客行为放任不管，而必须采取行动，利用法律等手段来进行控制。黑客活动受到了空前的打击。

但是，政府和公司的管理者现在越来越多地要求黑客传授给他们有关电脑安全的知识。许多公司和政府机构已经邀请黑客为他们检验系统的安全性，甚至还请他们设计新的保安规程。在两名黑客连续发现网景公司设计的信用卡购物程序的缺陷并向商界发出公告之后，网景修正了缺陷并宣布举办名为"网景缺陷大奖赛"的竞赛，那些发现和找到该公司产品中安全漏洞的黑客可获 1000 美元奖金。无疑黑客正在对电脑防护技术的发展做出贡献。

(2) 网络黑客攻击方法

许多上网的用户对网络安全可能抱着无所谓的态度，认为最多不过是被"黑客"盗用账号，他们往往会认为"安全"只是针对那些大中型企事业单位的，而且黑客与自己无怨无仇，干嘛要攻击自己呢？其实，在一无法纪二无制度的虚拟网络世界中，现实生活中所有的阴险和卑鄙都表现得一览无余，在这样的信息时代里，几乎每个人都面临着安全威胁，都有必要对网络安全有所了解，并能够处理一些安全方面的问题，那些平时不注意安全的人，往往在受到安全方面的攻击时，付出惨重的代价时才会后悔不已。同志们要记住啊！防人之心不可无呀！

为了把损失降低到最低限度，我们一定要有安全观念，并掌握一定的安全防范措施，禁绝让黑客无任何机会可趁。下面我们就来研究一下那些黑客是如何找到你计算机中的安全漏洞的，只有了解了他们的攻击手段，我们才能采取准确的对策对付这些黑客。

1) 获取口令：

这又有三种方法：一是通过网络监听非法得到用户口令，这类方法有一定的局限性，但危害性极大，监听者往往能够获得其所在网段的所有用户账号和口令，对局域网安全威胁巨大；二是在知道用户的账号后（如电子邮件@前面的部分）利用一些专门软件强行破解用户口令，这种方法不受网段限制，但黑客要有足够的耐心和时间；三是在获得一个服务器上的用户口令文件（此文件成为 Shadow 文件）后，用暴力破解程序破解用户口令，该方法的使用前提是黑客获得口令的 Shadow 文件。此方法在所有方法中危害最大，因为它不需要像第二种方法那样一遍又一遍地尝试登录服务器，而是在本地将加密后的口令与 Shadow 文件中的口令相比较就能非常容易地破获用户密码，尤其对那些弱智用户（指口令安全系数极低的用户，如某用户账号为 zys，其口令就是 zys666、666666、或干脆就是 zys 等）更是在短短的一两分钟内，甚至几十秒内就可以将其干掉。

2) 放置特洛伊木马程序：

特洛伊木马程序可以直接侵入用户的电脑并进行破坏，它常被伪装成工具程序或者游戏等诱使用户打开带有特洛伊木马程序的邮件附件或从网上直接下载，一旦用户打开了这些邮件的附件或者执行了这些程序之后，它们就会像古特洛伊人在敌人城外留下的藏满士兵的木马一样留在自己的电脑中，并在自己的计算机系统中隐藏一个可以在 Windows 启动时悄悄执行的程序。当您连接到因特网上时，这个程序就会通知黑客，来报告您的 IP 地址以及预先设定的端口。黑客在收到这些信息后，再利用这个潜伏在其中的程序，就可以任意地修改你的计算机的参数设定、复制文件、窥视你整个硬盘中的内容等，从而达到控制你的计算机的目的。

3) www 的欺骗技术：

在网上用户可以利用 IE 等浏览器进行各种各样的 WEB 站点的访问，如阅读新闻组、咨询产品价格、订阅报纸、电子商务等。然而一般的用户恐怕不会想到有这些问题存在：正在访问的网页已经被黑客篡改过，网页上的信息是虚假的！例如黑客将用户要浏览的网页的 URL 改写为指向黑客自己的服务器，当用户浏览目标网页的时候，实际上是向黑客服务器发出请求，那么黑客就可以达到欺骗的目的了。

4）电子邮件攻击：

电子邮件攻击主要表现为两种方式：一是电子邮件轰炸和电子邮件"滚雪球"，也就是通常所说的邮件炸弹，指的是用伪造的 IP 地址和电子邮件地址向同一信箱发送数以千计、万计甚至无穷多次的内容相同的垃圾邮件，致使受害人邮箱被"炸"，严重者可能会给电子邮件服务器操作系统带来危险，甚至瘫痪；二是电子邮件欺骗，攻击者佯称自己为系统管理员（邮件地址和系统管理员完全相同），给用户发送邮件要求用户修改口令（口令可能为指定字符串）或在貌似正常的附件中加载病毒或其他木马程序（据笔者所知，某些单位的网络管理员有定期给用户免费发送防火墙升级程序的义务，这为黑客成功地利用该方法提供了可乘之机），这类欺骗只要用户提高警惕，一般危害性不是太大。

5）通过一个节点来攻击其他节点：

黑客在突破一台主机后，往往以此主机作为根据地，攻击其他主机（以隐蔽其入侵路径，避免留下蛛丝马迹）。他们可以使用网络监听方法，尝试攻破同一网络内的其他主机；也可以通过 IP 欺骗和主机信任关系，攻击其他主机。这类攻击很狡猾，但由于某些技术很难掌握，如 IP 欺骗，因此较少被黑客使用。

6）网络监听：

网络监听是主机的一种工作模式，在这种模式下，主机可以接受到本网段在同一条物理通道上传输的所有信息，而不管这些信息的发送方和接受方是谁。此时，如果两台主机进行通信的信息没有加密，只要使用某些网络监听工具，例如 NetXray for Windows 95/98/NT，sniffit for linux、solaries 等就可以轻而易举地截取包括口令和账号在内的信息资料。虽然网络监听获得的用户账号和口令具有一定的局限性，但监听者往往能够获得其所在网段的所有用户账号及口令。

7）寻找系统漏洞：

许多系统都有这样那样的安全漏洞（Bugs），其中某些是操作系统或应用软件本身具有的，如 Sendmail 漏洞，Windows98 中的共享目录密码验证漏洞和 IE5 漏洞等，这些漏洞在补丁未被开发出来之前一般很难防御黑客的破坏，除非你将网线拔掉；还有一些漏洞是由于系统管理员配置错误引起的，如在网络文件系统中，将目录和文件以可写的方式调出，将未加 Shadow 的用户密码文件以明码方式存放在某一目录下，这都会给黑客带来可乘之机，应及时加以修正。

8）利用账号进行攻击：

有的黑客会利用操作系统提供的缺省账户和密码进行攻击，例如许多 UNIX 主机都有 FTP 和 Guest 等缺省账户（其密码和账户名同名），有的甚至没有口令。黑客用 Unix 操作系统提供的命令如 Finger 和 Ruser 等收集信息，不断提高自己的攻击能力。这类攻击只要系统管理员提高警惕，将系统提供的缺省账户关掉或提醒无口令用户增加口令一般都能克服。

9）偷取特权：

利用各种特洛伊木马程序、后门程序和黑客自己编写的导致缓冲区溢出的程序进行攻击，前者可使黑客非法获得对用户机器的完全控制权，后者可使黑客获得超级用户的权限，从而拥有对整个网络的绝对控制权。这种攻击手段，一旦奏效，危害性极大。

课题4 防范措施

以 Internet 为代表的全球性信息化浪潮日益增长，信息网络技术的应用正日益普及，应用层次日益深入，任何个人、团体都可能获得，因而网络所面临的破坏和攻击可能是多方面的，这里介绍一下常用的防范措施。

4.1 局域网防范措施

1）经常做 telnet、ftp 等需要传送口令的重要机密信息应用的主机应该单独设立一个网段，以避免某一台个人机被攻破，被攻击者装上 sniffer，造成整个网段通信全部暴露。有条件的情况下，重要主机装在交换机上，这样可以避免 sniffer 偷听密码。

2）专用主机只开专用功能，如运行网管、数据库重要进程的主机上不应该运行如 sendmail 这种 bug 比较多的程序。网管网段路由器中的访问控制应该限制在最小限度，研究清楚各进程必需的进程端口号，关闭不必要的端口。

3）对用户开放的各个主机的日志文件全部定向到一个 syslogd server 上，集中管理。该服务器可以由一台拥有大容量存贮设备的 Unix 或 NT 主机承当。定期检查备份日志主机上的数据。

4）网管不得访问 Internet。并建议设立专门机器使用 ftp 或 www 下载工具和资料。

5）提供电子邮件、www、DNS 的主机不安装任何开发工具，避免攻击者编译攻击程序。

6）网络配置原则是"用户权限最小化"，例如关闭不必要或者不了解的网络服务，不用电子邮件寄送密码。

7）下载安装最新的操作系统及其他应用软件的安全和升级补丁，安装几种必要的安全加强工具，限制对主机的访问，加强日志记录，对系统进行完整性检查，定期检查用户的脆弱口令，并通知用户尽快修改。重要用户的口令应该定期修改（不长于三个月），不同主机使用不同的口令。

8）定期检查系统日志文件，在备份设备上及时备份。制定完整的系统备份计划，并严格实施。

9）定期检查关键配置文件（最长不超过一个月）。

10）制定详尽的入侵应急措施以及汇报制度。发现入侵迹象，立即打开进程记录功能，同时保存内存中的进程列表以及网络连接状态，保护当前的重要日志文件，有条件的话，立即打开网段上另外一台主机监听网络流量，尽力定位入侵者的位置。如有必要，断开网络连接。在服务主机不能继续服务的情况下，应该有能力从备份硬盘中恢复服务到备份主机上。

4.2 防 火 墙

（1）防火墙原理

🎓 小知识：防火墙命名由来

古时候，人们常在寓所之间砌起一道砖墙，一旦火灾发生，它能够防止火势蔓延到别的寓所。自然，这种墙因此而得名"防火墙"。在今日的信息世界里，人们借助了这个概念，使用防火墙保护敏感的数据不被窃取和篡改，不过这些防火墙是由先的计算机硬件或软件系统构成的。

防火墙（Fire Wall）成为近年来新兴的保护计算机网络安全技术性措施。它是一种隔离控制技术，在某个机构的网络和不安全的网络（如 Internet）之间设置屏障，阻止对信息资源的非法访问，也可以使用防火墙阻止重要信息从企业的网络上被非法输出，如图5-18 所示。

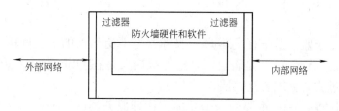

图 5-18　防火墙配置示意图

作为 Internet 网的安全性保护软件，Fire Wall 已经得到广泛的应用。通常企业为了维护内部的信息系统安全，在企业网和 Internet 间设立 Fire Wall 软件。企业信息系统对于来自 Internet 的访问，采取有选择的接收方式。它可以允许或禁止一类具体的 IP 地址访问，也可以接收或拒绝 TCP/IP 上的某一类具体的应用。如果在某一台 IP 主机上有需要禁止的信息或危险的用户，则可以通过设置使用 Fire Wall 过滤掉从该主机发出的包。如果一个企业只是使用 Internet 的电子邮件和 www 服务器向外部提供信息，那么就可以在 Fire Wall 上设置使得只有这两类应用的数据包可以通过。这对于路由器来说，就要不仅分析 IP 层的信息，而且还要进一步了解 TCP 传输层甚至应用层的信息以进行取舍。Fire Wall 一般安装在路由器上以保护一个子网，也可以安装在一台主机上，保护这台主机不受侵犯。

（2）防火墙的种类

从实现原理上分，防火墙的技术包括四大类：网络级防火墙（也叫包过滤型防火墙）、应用级网关、电路级网关和规则检查防火墙。它们之间各有所长，具体使用哪一种或是否混合使用，要看具体需要。

1）网络级防火墙：

一般是基于源地址和目的地址、应用、协议以及每个 IP 包的端口来做出通过与否的判断。一个路由器便是一个"传统"的网络级防火墙，大多数的路由器都能通过检查这些信息来决定是否将所收到的包转发，但它不能判断出一个 IP 包来自何方，去向何处。防火墙检查每一条规则直至发现包中的信息与某规则相符。如果没有一条规则能符合，防火墙就会使用默认规则，一般情况下，默认规则就是要求防火墙丢弃该包。其次，通过定义基于 TCP 或 UDP 数据包的端口号，防火墙能够判断是否允许建立特定的连接，如 Telnet、FTP 连接。

2）应用级网关：

应用级网关能够检查进出的数据包，通过网关复制传递数据，防止在受信任服务器和客户机与不受信任的主机间直接建立联系。应用级网关能够理解应用层上的协议，能够做复杂一些的访问控制，并做精细的注册和稽核。它针对特别的网络应用服务协议即数据过滤协议，并且能够对数据包分析并形成相关的报告。应用网关对某些易于登录和控制所有输出输入的通信的环境给予严格的控制，以防有价值的程序和数据被窃取。在实际工作中，应用网关一般由专用工作站系统来完成。但每一种协议需要相应的代理软件，使用时工作量大，效率不如网络级防火墙。应用级网关有较好的访问控制，是目前最安全的防火墙技术，但实现困难，而且有的应用级网关缺乏"透明度"。在实际使用中，用户在受信任的网络上通过防火墙访问 Internet 时，经常会发现存在延迟并且必须进行多次登录（Login）才能访问 Internet 或 Intranet。

3）电路级网关：

电路级网关用来监控受信任的客户或服务器与不受信任的主机间的 TCP 握手信息，这样来决定该会话（Session）是否合法，电路级网关是在 OSI 模型中会话层上来过滤数据包，这样比包过滤防火墙要高二层。

电路级网关还提供一个重要的安全功能：代理服务器（Proxy Server）。代理服务器是设置在 Internet 防火墙网关的专用应用级代码。这种代理服务准许网管员允许或拒绝特定的应用程序或一个应用的特定功能。包过滤技术和应用网关是通过特定的逻辑判断来决定是否允许特定的数据包通过，一旦判断条件满足，防火墙内部网络的结构和运行状态便"暴露"在外来用户面前，这就引入了代理服务的概念，即防火墙内外计算机系统应用层的"链接"由两个终止于代理服务的"链接"来实现，这就成功地实现了防火墙内外计算机系统的隔离。同时，代理服务还可用于实施较强的数据流监控、过滤、记录和报告等功能。代理服务技术主要通过专用计算机硬件（如工作站）来承担。

4）规则检查防火墙：

该防火墙结合了包过滤防火墙、电路级网关和应用级网关的特点。它同包过滤防火墙一样，规则检查防火墙能够在 OSI 网络层上通过 IP 地址和端口号，过滤进出的数据包。它也像电路级网关一样，能够检查 SYN 和 ACK 标记和序列数字是否逻辑有序。当然它也像应用级网关一样，可以在 OSI 应用层上检查数据包的内容，查看这些内容是否能符合企业网络的安全规则。

规则检查防火墙虽然集成前三者的特点，但是不同于一个应用级网关的是，它并不打破客户机/服务器模式来分析应用层的数据，它允许受信任的客户机和不受信任的主机建立直接连接。规则检查防火墙不依靠与应用层有关的代理，而是依靠某种算法来识别进出的应用层数据，这些算法通过已知合法数据包的模式来比较进出数据包，这样从理论上就能比应用级代理在过滤数据包上更有效。

（3）使用防火墙

在具体应用防火墙技术时，还要考虑到两个方面：

1）防火墙是不能防病毒的，尽管有不少的防火墙产品声称其具有这个功能。

2）防火墙技术的另外一个弱点在于数据在防火墙之间的更新是一个难题，如果延迟太长将无法支持实时服务请求。并且，防火墙采用滤波技术，滤波通常使网络的性能降低50％以上，如果为了改善网络性能而购置高速路由器，又会大大提高经济预算。

总之，防火墙是企业网安全问题的流行方案，即把公共数据和服务置于防火墙外，使其对防火墙内部资源的访问受到限制。作为一种网络安全技术，防火墙具有简单实用的特点，并且透明度高，可以在不修改原有网络应用系统的情况下达到一定的安全要求。

4.3 其他安全技术

（1）加密

数据加密技术从技术上的实现分为在软件和硬件两方面。按作用不同，数据加密技术主要分为数据传输、数据存储、数据完整性的鉴别以及密钥管理技术这四种。

在网络应用中一般采取两种加密形式：对称密钥和公开密钥，采用何种加密算法则要结合具体应用环境和系统，而不能简单地根据其加密强度来作出判断。因为除了加密算法本身之外，密钥合理分配、加密效率与现有系统的结合性，以及投入产出分析都应在实际环境中具体考虑。

对于对称密钥加密。其常见加密标准为 DES 等，当使用 DES 时，用户和接受方采用64 位密钥对报文加密和解密，当对安全性有特殊要求时，则要采取 IDEA 和三重 DES等。作为传统企业网络广泛应用的加密技术，秘密密钥效率高，它采用 KDC 来集中管理和分发密钥并以此为基础验证身份，但是并不适合 Internet 环境。

在 Internet 中使用更多的是公钥系统。即公开密钥加密，它的加密密钥和解密密钥是不同的。一般对于每个用户生成一对密钥后，将其中一个作为公钥公开，另外一个则作为私钥由属主保存。常用的公钥加密算法是 RSA 算法，加密强度很高。具体作法是将数字签名和数据加密结合起来。发送方在发送数据时必须加上数据签名，做法是用自己的私钥加密一段与发送数据相关的数据作为数字签名，然后与发送数据一起用接收方密钥加密。当这些密文被接收方收到后，接收方用自己的私钥将密文解密得到发送的数据和发送方的数字签名，然后，用发布方公布的公钥对数字签名进行解密，如果成功，则确定是由发送方发出的。数字签名每次还与被传送的数据和时间等因素有关。由于加密强度高，而且并不要求通信双方事先要建立某种信任关系或共享某种秘密，因此十分适合 Internet 网上使用。

（2）认证和识别

认证就是指用户必须提供他是谁的证明，他是某个雇员，某个组织的代理、某个软件过程（如股票交易系统或 Web 订货系统的软件过程）。认证的标准方法就是弄清楚他是谁，他具有什么特征，他知道什么可用于识别他的东西。比如说，系统中存储了他的指纹，他接入网络时，就必须在连接到网络的电子指纹机上提供他的指纹（这就防止他以假的指纹或其他电子信息欺骗系统），只有指纹相符才允许他访问系统。更普通的是通过视网膜血管分布图来识别，原理与指纹识别相同，声波纹识别也是商业系统采用的一种识别方式。网络通过用户拥有什么东西来识别的方法，一般是用智能卡或其他特殊形式的标志，这类标志可以从连接到计算机上的读出器读出来。至于说到"他知道什么"，最普通的就是口令，口令具有共享秘密的属性。例如，要使服务器操作系统识别要入网的用户，那么用户必须把他的用户名和口令送服务器。服务器就将它仍与数据库里的用户名和口令进行比较，如果相符，就通过了认证，可以上网访问。这个口令就由服务器和用户共享。更保密的认证可以是几种方法组合而成。例如用 ATM 卡和 PIN 卡。在安全方面最薄弱的一环是规程分析仪的窃听，如果口令以明码（未加密）传输，接入到网上的规程分析仪就会在用户输入账户和口令时将它记录下来，任何人只要获得这些信息就可以上网工作。为了解决安全问题，一些公司和机构正千方百计地解决用户身份认证问题，主要有以下几种认证办法。

1）双重认证。如波斯顿的 Beth Isreal Hospital 公司和意大利一家居领导地位的电信公司正采用"双重认证"办法来保证用户的身份证明。也就是说他们不是采用一种方法，而是采用有两种形式的证明方法，这些证明方法包括令牌、智能卡和仿生装置，如视网膜或指纹扫描器。

2）数字证书。这是一种检验用户身份的电子文件，也是企业现在可以使用的一种工具。这种证书可以授权购买，提供更强的访问控制，并具有很高的安全性和可靠性。随着电信行业坚持放松管制，GTE 已经使用数字证书与其竞争对手（包括 Sprint 公司和 AT&T 公司）共享用户信息。

3）智能卡。这种解决办法可以持续较长的时间，并且更加灵活，存储信息更多，并具有可供选择的管理方式。

4）安全电子交易（SET）协议。这是迄今为止最为完整最为权威的电子商务安全保障协议。

思考题与习题

一、选择题（答案唯一）

1. 下列不是网络故障的主要原因是（　　）。

A. 网络连接　　B. 软件属性配置　　　　C. 网络协议　　D. 未安装网卡驱动程序

2. 网络安全（　　）。

A. 只与服务器相关　　　　　　　　B. 只与客户机相关

C. 与服务器和客户机都相关　　　　D. 与服务器和客户机都无关

3. 目前使用防杀毒软件的作用是（　　）。

A. 检查计算机是否已感染病毒，清除已感染的任何病毒

B. 杜绝病毒对计算机的侵害

C. 检查计算机是否已感染病毒，清除部分已感染的病毒。

D. 查出已感染的任何病毒，清除部分已感染的病毒

4. 网络上文件和打印机无法共享可能是（　　）原因？

A. 未安装文件和打印机共享服务组件

B. 启用了文件或打印机共享服务

C. 允许其他计算机使用我的打印机

D. 安装了 Netware 网络上的文件与打印机共享

二、是非题

1. 硬件故障一定比软件故障好排除。（　　）

2. 出现网络故障多数是软件故障引起的。（　　）

3. 局域网的安全措施首选防火墙技术。（　　）

4. 出现网络故障应首先考虑是硬件出了问题。（　　）

5. 无法登录网络一定是没有安装网络适配器。（　　）

三、填空题

1. 在常见的网络故障中，出现在_____、_____和_____的问题较多。

2. 防火墙的技术包括四大类：_____、_____、_____和_____。

3. 网络硬件故障一般由_____或_____或_____等引起的。

四、简答题

1. 局域网的维护主要范围有哪些？

2. 什么是防火墙？防火墙有哪几种？

参 考 文 献

[1] 陈伟. 局域网组建实例与技巧. 北京：科学出版社，2002.

[2] 胡亚峰. 局域网组建一书通. 北京：航空工业出版社，2003.

[3] 陈磊. 网络工具经典范例 50 讲. 北京：科学出版社，2003.

[4] 武马群. 局域网组建与维护. 北京：北京工业出版社，2005.

[5] 卢小平. 局域网组成实践. 北京：电子工业出版社，2004.

[6] 张维. 实战网络工程案例. 北京：北京邮电大学出版社，2005.